水环境监测技术

尹静章　陈擘擘　陈彦茹　主编

延边大学出版社

图书在版编目（CIP）数据

水环境监测技术 / 尹静章，陈擘擘，陈彦茹主编
. -- 延吉 ： 延边大学出版社, 2023.9
ISBN 978-7-230-05497-3

Ⅰ. ①水… Ⅱ. ①尹… ②陈… ③陈… Ⅲ. ①水环境
—环境监测 Ⅳ. ①X832

中国国家版本馆CIP数据核字(2023)第182934号

水环境监测技术

主　　编：尹静章　陈擘擘　陈彦茹
责任编辑：史笑笑
封面设计：文合文化
出版发行：延边大学出版社
社　　址：吉林省延吉市公园路977号　　邮　　编：133002
网　　址：http://www.ydcbs.com　　E-mail：ydcbs@ydcbs.com
电　　话：0433-2732435　　传　　真：0433-2732434
印　　刷：三河市嵩川印刷有限公司
开　　本：710×1000　1/16
印　　张：11.75
字　　数：200 千字
版　　次：2023 年 9 月 第 1 版
印　　次：2024 年 1 月 第 1 次印刷
书　　号：ISBN 978-7-230-05497-3

定价：65.00元

编 者 成 员

主　　编：尹静章　陈擘擘　陈彦茹

副 主 编：李季东　薛春丽

编写单位：德州市水文中心

山东省聊城市茌平区环境监控中心

山东国鑫环境科学研究院有限公司

山东标谱检测技术有限公司

前　言

随着时代、科技的不断发展，人们对环境保护的意识日益增强，对环境质量的要求也愈来愈高。当前我国水环境问题突出，水资源保护与河湖水质问题日益严峻，传统的水环境监测技术已不能有效解决新的水环境问题。因此，为有效解决水环境问题，促进水环境监测技术的发展与进步是非常有必要的。针对水环境进行常规化的监测工作，其主要的目的是能够通过对水资源的数据进行深入的分析，从而帮助人们在生活中和生产建设中更加准确地利用水资源。水环境监测实质上是通过运用科学且合理化的技术性设备对水资源和水环境开展检测，进而帮助人们更加深入地认知自身所处的生活环境，并且全面和科学地掌握这一环境中所存在的问题，通过这种方式能够有效地解决生活中的水污染问题。水环境监测技术是环境监测的重要组成部分，在环境保护中扮演着重要角色。因此，需要不断发展水环境监测新技术，来尽可能满足解决水环境新问题的需求，不断提高水环境监测的效率，为社会不断地提供优质的服务，实现“绿水青山就是金山银山”发展战略。做好水环境监测和水环境污染治理，是实现生态文明建设的重要路径。保护良好的生态环境，需要做好水环境质量监测工作，及时掌握水环境质量状况，根据水环境污染程度以及污染物类型，采取切实有效的污染防治措施，不断改善水环境质量，以水环境监测技术巩固生态文明建设成果，实现经济社会可持续发展。

《水环境监测技术》一书共分六章，字数 20 万余字。该书由德州市水文中心尹静章、山东省聊城市茌平区环境监控中心陈擘擘、德州市水文中心陈彦茹担任主编。其中第五章及第六章由主编尹静章负责撰写，字数 9 万余字；第一章及第四章由主编陈擘擘负责撰写，字数 6 万余字；第二章及第三章由主编陈彦茹负责撰写，字数 5 万余字。副主编由山东国鑫环境科学研究院有限公司李季东、山东标谱检测技术有限公司薛春丽担任并负责全书统筹，为本书出版付出大量努力。同时，在本书的编撰过程中，收到很多专家、业界同事的宝贵建议，谨在此表示感谢。同时笔者参阅了大量的相关著作和文献，在参考文献中未能一一列出，在此向相关著作和文献的作者表示诚挚的感谢和敬意!

本书在编写过程中由于时间仓促，加之编写者水平有限，难免有一些疏漏和不足之处，希望广大读者给予批评指正。

笔者

2023 年 4 月

目　录

第一章　水环境监测概况

第一节　水环境的概念及我国的水环境现状

一、水环境的概念

水环境是指自然界中水的形成、分布和转化所处空间的环境，是指围绕人群空间及可直接或间接影响人类生活和发展的水体，其正常功能的各种自然因素和有关的社会因素的总体。在地球表面，水体面积约占地球表面积的71%。水是由海洋水和陆地水两部分组成的，海洋水和陆地水分别占总水量的97.28%和2.72%。后者所占总量比例很小，且所处空间的环境十分复杂。水在地球上处于不断循环的动态平衡状态。天然水的基本化学成分和含量，反映了它在不同自然环境循环过程中的原始物理化学性质，是研究水环境中元素存在、迁移和转化以及环境质量（或污染程度）与水质评价的基本依据。水环境主要由地表水环境和地下水环境两部分组成。地表水环境包括河流、湖泊、水库、海洋、池塘、沼泽、冰川等，地下水环境包括泉水、浅层地下水、深层地下水等。水环境是构成环境的基本要素之一，是人类社会赖以生存和发展的重要场所，也是受人类干扰和破坏最严重的领域。水环境的污染和破坏已成为当今世界主要的环境问题之一。

二、我国的水环境现状

（一）地下水与地表水环境

在我国很多地区，轻工业的发展速度非常快，有的企业没有选择集中处理废水废渣，而是采用高压方式将污染物排放到地下，造成地下水的污染。更有个别企业直接将污染物排放到了当地的河流中，不仅严重破坏了河流生物的生存环境，还对附近居民的生活用水造成了影响。另外，由于湖泊的自我净化和循环能力较差，一旦河流污水流入了湖泊中，势必会造成湖泊水的污染，久而久之，湖泊就会变成一潭死水。

（二）居民用水环境

我国的居民用水安全没有得到很好的保障，主要原因包括以下三点：第一，目前自来水厂的水净化工艺只能达到去除水中杂质、降低水体浑浊度等效果，并不能根除以有机污染为主的微污染，导致居民用水的质量无法得到保障。第二，我国饮用水的微生物指标不在合理范围之内，饮用水细菌总数超过标准的人数占总调查人数的三分之一以上。第三，我国部分城市的自来水管网维护措施不到位，导致居民用水遭到二次污染。

（三）海水环境

我国海水环境的污染有一部分原因是我国内陆水环境的污染造成的。随着我国海上贸易的增多，我国近岸海域的海水污染现象较为明显，在城市附近和河口地区尤为明显。

总之，水环境不仅提供收集、存储以及运输水资源的载体，也是水生生物赖以生存和繁衍的主要区域。虽然我国江河众多，但人均水资源量却很少，本就分布不均的淡水资源更是屡遭破坏，如果不及时加以整治，势必会对我国居民的日常生活造成巨大的影响。因此，为了保护我国的水环境、实现经济社会的可持续发展，及时治理污染现象刻不容缓。

第二节　水环境的污染源及主要污染物

一、污染源

造成水体污染的因素是多方面的，如向水体排放未经妥善处理的城市污水和工业废水；施用化肥、农药及城市地面的污染物被水冲刷而进入水体；随大气扩散的有毒物质通过重力沉降或通过降水过程而进入水体等。按照污染源的成因进行分类，可以分成自然污染源和人为污染源两类。

自然污染源是因自然因素引起污染的，如某些特殊地质条件（特殊矿藏、地热等）、火山爆发等。由于现代人们还无法完全对许多自然现象实行强有力的控制，因此也难控制自然污染源。人为污染源是指由于人类活动所形成的污染源，包括工业、农业和生活等所产生的污染源。人为污染源是可以控制的，但是不加控制的人为污染源对水体的污染远比自然污染源所引起的水体污染程度严重。人为污染源产生的污染频率高、污染的数量大、污染的种类多、污染的危害深，是造成水环境污染的主要因素。

按污染源的存在形态进行分类，可以分为点源污染和面源污染。点源污染是以点状形式排放而使水体造成污染，如工业生产水和城市生活污水。它的特点是排污频率高，污染物量多且成分复杂，依据工业生产废水和城市生活污水的排放规律，具有季节性和随机性，它的量可以直接测定或者定量化，其影响可以直接评价。而面源污染则是以面积形式分布和排放污染物而造成水体污染，如城市地面、农田、林田等。面源污染的排放是以扩散方式进行的，时断时续，并与气象因素有联系，其排放量不易调查清楚。

二、天然水体的主要污染物

天然水体中的污染物质成分极为复杂，从化学角度分为四大类：

无机无毒物：酸、碱、一般无机盐，氮、磷等植物营养物质。

无机有毒物：重金属、砷、氰化物、氟化物等。

有机无毒物：碳水化合物、脂肪、蛋白质等。

有机有毒物：苯酚、多环芳烃、PCB（poly chlorinated biphenyl，多氯联苯）、有机氯农药等。

水体中的污染物从环境科学角度可以分为以下几类：

（一）耗氧有机物

生活污水、牲畜饲料及污水和造纸、制革、奶制品等工业废水中含有大量的碳水化合物、蛋白质、脂肪、木质素等有机物，它们属于无毒有机物。但是如果不经处理直接排入自然水体中，经过微生物的生化作用，会最终分解为二氧化碳和水等简单的无机物。在有机物的微生物降解过程中，会消耗水体中大量的溶解氧，水中溶解氧浓度下降。当水中的溶解氧被耗尽时，会导致水体中的鱼类及其他需氧生物因缺氧而死亡，同时在水中厌氧微生物的作用下，会产生有害的物质如甲烷、氨和硫化氢等，使水体发臭变黑。

（二）重金属污染物

矿石与水体的相互作用以及采矿、冶炼、电镀等工业废水的泄漏会使得水体中有一定量的重金属物质，如汞、铅、铜、锌、镉等。这些重金属物质在水中达到很低的浓度便会产生危害，这是由于它们在水体中不能被微生物降解，而只能发生各种形态相互转化和迁移。重金属物质除被悬浮物带走外，会由于沉淀作用和吸附作用而富集于水体的底泥中，成为长期的次生污染源；同时，水中氯离子、硫酸根离子、氢氧根离子、腐殖质等无机和有机配位体会与其生成络合物或螯合物，导致重金属有更大的水溶解度而从底泥中重新释放出来。人类如果长期饮用重金属污染的水、农作物、鱼类、贝类，有害重金属为人体所摄取，积累于体内，会对身体健康产生不良影响，致病甚至危害生命。

（三）植物营养物质

营养性污染物是指水体中含有的可被水体中微型藻类吸收利用并可能造成水体中藻类大量繁殖的植物营养元素，通常是指含有氮元素和磷元素的化合物。

（四）有毒有机物

有毒有机污染物指酚、多环芳烃和各种人工合成的并具有积累性生物毒性的物质，如多氯农药、有机氯化物等持久性有机毒物，以及石油类污染物质等。

（五）酸碱及一般无机盐类

这类污染物主要是使水体的 pH 值发生变化，抑制细菌及微生物的生长，降低水体自净能力。同时，增加水中无机盐类的和水的硬度，给工业和生活用水带来不利因素，也会引起土壤盐渍化。

酸性物质主要来自酸雨和工厂酸洗水、硫酸、黏胶纤维、酸法造纸厂等产生的酸性工业废水。碱性物质主要来自造纸、化纤、炼油、皮革制造等工业废水。酸碱污染不仅会腐蚀船舶和水上构筑物，而且会改变水生生物的生活条件，影响水的用途，增加工业用水处理费用等。含盐的水在公共用水及配水管留下水垢，增加水流的阻力和降低水管的过水能力。硬水将影响纺织工业的染色、啤酒酿造及食品罐头产品的质量。酸性和碱性物质会影响水处理过程中絮体的形成，降低水处理效果。长期灌溉 pH 值＞9 的水，会使蔬菜死亡。可见水体中的酸性、碱性以及盐类含量过高会给人类的生产和生活带来危害。但水体中盐类是人体不可缺少的成分，对于维持细胞的渗透压和调节人体的活动起到重要意义，同时，适量的盐类亦会改善水体的口感。

（六）病原微生物污染物

病原微生物污染物主要是指病毒、病菌、寄生虫等，主要来源于制革厂、生物制品厂、洗毛厂、屠宰厂、医疗单位及城市生活污水等。危害主要表现为传播疾病：病菌可引起痢疾、伤寒、霍乱等；病毒可引起病毒性肝炎、小儿麻痹等；寄生虫可引起血吸虫病。钩端螺旋体病等。

（七）放射性污染物

放射性污染物是指由于人类活动排放的放射性物质。随着核能、核素在诸多领域中的应用，放射性废物的排放量在不断增加，已对环境和人类构成严重威胁。

自然界中本身就存在着微量的放射性物质。天然放射性核素分为两大类：一类由宇宙射线的粒子与大气中的物质相互作用产生；另一类是地球在形成过程中存在的核素及其衰变产物，如铀、铷等。天然放射性物质在自然界中分布很广，存在于矿石、土壤、天然水、大气及动植物所有组织中。目前已经确定并已做出鉴定的天然放射性物质已超过 40 种。一般认为，天然放射性本底基本上不会影响人类和动物的健康。

人为放射性物质主要来源于核试验、核爆炸的沉降物，核工业放射性核素废物的排放，医疗、机械、科研等单位在应用放性同位素时排放的含放射性物质的粉尘、废水和废弃物，以及意外事故造成的环境污染等。人们对于放射性物质的危害既熟悉又陌生，它通常是与威力无比的原子弹、氢弹的爆炸关联在一起的，随着全世界和平利用核能呼声的高涨，核武器的禁止使用，核试验已大大减少，人们似乎已经远离放射性危害。然而近年来，随着放射性同位素及射线装置在工农业、医疗、科研等各个领域的广泛应用，放射性污染物危害的可能性却在增大。

环境放射性污染物通过牧草、饲草和饮水等途径进入家禽体内，并蓄积于其组织器官中。放射性物质能够直接或者间接地破坏机体内某些大分子如脱氧核糖核酸、核糖核酸及一些重要的酶结构。放射性物质辐射还能够对人产生远期的危害效应，包括辐射致癌、白血病、白内障等方面的损害以及遗传效应等。

（八）热污染

水体热污染主要来源于工矿企业向江河排放的冷却水，其中以电力工业为主，其次是冶金、化工、石油、造纸、建材和机械等工业。它主要的影响是：使水体中溶解氧减少，提高某些有毒物质的毒性，抑制鱼类的繁殖，破坏水生生态环境进而引起水质恶化。

第三节　水环境监测的意义及作用

水环境监测是监视和测定水体中污染物的种类、各类污染物的浓度及变化趋势，评价水质状况的过程。水环境监测在水环境治理、水资源保护中发挥着关键作用。如何发挥科技创新的力量，解决水环境监测的短板和不足，提高水环境监测工作的质量和效率成为现阶段我国水环境保护的重大问题。

水环境监测是环境监测的重要组成部分，以水环境为对象，运用物理、化学和生物方法，对可能影响水环境质量的代表性指标进行测定，从而确定水体的水质状况及其变化趋势，为水环境管理提供可靠的基础数据，为水污染治理效果评价提供科学依据，在水资源保障、水污染治理与饮用水安全方面起着至关重要的作用。

一、水资源保障方面

在水资源保障工作中，水资源的优化调度和配置等工作均需要及时了解水资源质量的状况。水资源的状况由水环境监测数据分析结果来反映。科学、有效、及时的水环境监测数据分析结果可以为政府决策提供科学依据，使政府在构筑“全面节约、有效保护、优化配置、合理开发、高效利用、综合治理”的水资源保障体系过程中有据可依。

二、水污染治理方面

水环境监测是治理水污染的重要工具，它通过专业的数据对比、问题分析，能够使人们充分了解水污染的源头、水污染现状、水污染的扩张速度以及可能造成的危害，为治理水污染问题提供参考资料和数据信息，帮助水环境保护工作者做出正确的判断，从而设计制定合理的治理方案，最终有效改善水质问题，减轻环境污染，保护生态环境，促进生态文明建设。此外，借助水环境监测，可快速提高水污染设备的运行效率，还可为排污操作等提供参考依据，对国内水环境治理而言具有重大价值和意义。

三、饮用水安全方面

水是我们的生命之源，饮用水水源地水质安全关系着广大人民群众的身体健康、生命安全和社会的和谐稳定。饮用水水源地水环境监测工作，在确保饮用水安全方面发挥着重要的作用。因此，加强饮用水水源地水环境监测，确保广大人民群众饮水安全和饮水质量是很有必要的。

第四节　水环境监测现状及发展趋势

一、水环境监测的现状

从当前我国水环境现状来看，我国具有庞大的人口基数，且城市化、工业化和农业现代化发展迅速，这使水环境保护工作面临巨大压力，水环境保护形势非常严峻。水环境监测作为水环境管理的重要支撑，对于水环境保护具有重要意义。我国通过四十多年的不断发展和研究，已建立了一个覆盖长江（含太湖）、黄河、珠江、松花江、淮河、海河和辽河七大流域的多层级水环境监测网络，做到了对全国重点河流、湖库、地级及以上城市集中式生活饮用水水源地的监测点位全覆盖，监测技术也得到了完善和发展，监测设备不断更新换代。目前水质在线监测系统已广泛应用于重点河流、湖库及饮用水源地的实时监测中，在水环境监测工作中发挥越来越重要的作用。但是当前我国水环境监测还存在以下几点问题：

其一，监测项目不能全面反映水环境状况。水环境监测依据来自国家制定的水环境质量标准和水污染物排放标准等，标准中规定的监测项目和上下限值是水环境监测的依据。目前水环境监测一般采用常规理化指标监测，评价水环境质量及水污染状况，并没有将对环境和人体有极大伤害的有机类污染物作为监测重点进行常规化监测，如有机物污染主要采用 BOD（生化需氧量）、COD（化学需氧量）等综合指标监测。水环境监测的结果并不能准确、全面反映出水环境质量和水污染状况。

其二，先进的监测技术、设备的应用存在滞后性。伴随着科技的快速发展，新技术、新工艺、新设备不断涌现，使得水环境监测技术面临改革。部分地区原有的水环境监测设备老旧落后，无法与现今水环境监测活动相适配。同时，受制于监测方法标准、监测技术规范更新的滞后性，目前仍无法第一时间有效地将国内外先进的水质监测制度及技术应用于我国水环境监测工作中，在一定程度上制约了我国水环境监测体系的更新发展。

其三，水环境监测能力有待加强。相较于西方发达国家，我国水环境监测工作起步较晚，水环境监测能力还存在一定短板。目前，我国具备地表水环境质量标准 109 项水质指标和地下水环境质量标准 93 项水质指标全分析能力的实验室相对较少，而且多数实验室分布不平衡，多集中在经济发达地区，这在很大程度上制约了水环境监测的发展。此外，部分重点水质指标还没有探索研究出快速准确的监测方法，导致不能快速监测当前水质。

二、水环境监测的发展趋势

随着我国生态文明建设和生态环境保护事业的不断发展，水环境保护治理工作不断深入，水环境监测体系不断完善，水环境质量得到了持续改善。“十四五”时期，我国水环境保护逐步向水生态环境保护转变，由以单一理化指标的水质改善为目标的水污染治理，向水资源、水生态、水环境“三水”统筹、协同治理的水生态健康恢复转变，更加注重水生态系统保护和修复。“十四五”是我国水生态环境保护事业进入新阶段的关键时期，水环境监测发展也将迎来以下三个方面的转变。

（一）由水质监测逐步向水生态监测转变

长久以来，水环境治理作为环境治理的重要内容之一，是改善水环境质量的重要手段。“十三五”以来，我国水环境治理取得了不错的成绩，尤其在水质理化指标方面的治理成效显著，整体上已经接近或者是达到中等发达国家水平，但是与中等发达国家相比还明显存在一些短板。目前，我国水生态环境遭破坏现象仍较为普遍，全国各流域水生生物多样性降低趋势尚未得到有效遏制，太湖、巢湖、滇池等重点湖泊蓝藻水华防控形势依然严峻，氮磷浓度偏高，水生植被退化，水生态系统不平衡、不协调问题日益突出，逐步上升为制约水环境质量持续改善的主要矛盾。“十四五”开始，水环境治理将从单一的水质提升向水生态系统恢复转变，逐步实现包含水质、水生植物、水生动物等多种要素的系统治理和保护目标。而水环境监测作为水环境治理的重要基础和关键一环，监测范围将不断拓展，由单一水质监测向水生态监测转变，评价体系也将不断完善，由单一水质要素评价向水生态综合要素评价转变，最终实现向水生态监测的跨越。相较于传统水环境监测，水生态监测是从水生态系统维度出发，通过水文、水生生物、生物、物理及化学等多种技术手段，对水体中的各类动物、植物、微生物与环境之间的关系、生态系统结构和功能进行监测，包括常规水质监测、水生植物监测、水生动物监测、水文监测等，能够准确、全面地反映出水生态健康状况，是水生态环境质量评价、水生态环境保护修复、水资源合理利用的重要依据。因此，构建水生态监测网络，逐步实现由单一水质监测向水生态环境监测转变，将是“十四五”时期水环境监测的重要发展方向与任务之一。

（二）由现状监测向预警监测转变

目前，我国水环境监测工作仍以现状监测为主，主要包括水环境质量现状监测和污染源现状监测，虽基本能满足水环境质量评价要求，但难以起到水环境预警的作用。近年来，水环境恶化的问题日益突出，水环境风险日益加剧，水环境预警监测能力薄弱问题越来越明显，不能满足当前水环境保护的需要。在水环境监测工作中，预警监测主要是通过各类自动监测监控设备对河流和湖库等重点水体水环境质量进行实时监控，掌握监测水体水质指标的变化情况，实现在线监测指标的超标和异常波动预警，最大限度避免水环境问题发生。相较于传统现状监测，预警监测能够更加全面、客观、真实、系统地反映监测水体的水环境现状及动态变化规律，对可能发生的突发水事件进行合理、科学的预判，从而做出更为及时、准确的预警。“十四五”时期，随着先进的水环境监测技术和设备的广泛应用，我国水环境监测自动化、标准化、信息化水平不断提高，水生态环境保护工作不断深入，水环境监测也将逐步实现由现状监测向预警监测转变，以提高监测的预测预警能力，提升水环境风险防范化解能力。

（三）由传统手工地面监测向智能化和天地一体化转变

近年来，我国水环境监测不断发展，监测指标逐步由单一理化指标向生物、生态指标拓展，监测方式逐步由以手工监测为主向以自动监测为主转变，而卫星遥感、人工智能、大数据、物联网等现代信息技术的引入也为水环境监测领域的创新提供了新的思路。水质自动监测技术的应用，基本实现了水温、电导率、pH 值、溶解氧、浊度等理化指标及化学需氧量、总磷、总氮、氨氮、生化需氧量等常规水质指标的自动监测，使得水环境监测更加自动化；通过引入基于无人机、无人船技术的水质监测采样仪，实现对传统人工取样方式的替代，使得水环境监测更加智能化；卫星遥感监测技术的应用，可以实现水环境监测采样阶段的快速定位、精准跟踪，使得水环境监测更加高效；通过人工智能、大数据分析技术，融合物联网平台等，利用卫星遥感反演模型实现水体透明度监测、黑臭水体监测、水域覆盖遥感监测，使得水环境监测更加全面。伴随着卫星遥感、人工智能、大数据、物联网等现代信息技术在水环境监测领域的不断应用，“十四五”时期，我国将基本实现“自动监测为主、手工监测为辅”的水环境监测体系，水环境监测也将更加自动化、标准化和信息化。在此环境下，水环境监测将由传统手工地面监测逐步向智能化和天地一体化转变，以此推动智能化和天地一体化的水环境监测网络的构建，为水环境保护提供强有力的大数据支撑。

水环境监测工作是水环境保护的重要组成和关键前提，关系到国家的长远发展、社会的经济进步以及广大市民的健康。因此，我们需要重视水环境监测工作，不断创新水环境监测相关技术，加大新技术、新方法的应用力度，确保水环境监测的质量和效率，为科学治理水环境、合理利用水资源提供科学依据。

第二章　水体监测方案制订

第一节　水体监测项目

一、地表水监测项目

地表水监测项目见表 2-1。

表 2-1　地表水监测项目

地表水类型	必测项目	选测项目
河流	水温、pH 值、电导率、溶解氧、化学需氧量、五日生化需氧量、氨氮、总磷、总氮、氟化物、挥发酚、氰化物、砷、硒、汞、六价铬、铜、锌、铅、镉、硫化物、阴离子表面活性剂、石油类、粪大肠菌群等	氯化物、有机氯农药、有机磷农药、总铬、铀、镭、钍、总硬度、亚硝酸盐氮
饮用水源地	水温、pH 值、电导率、溶解氧、化学需氧量、五日生化需氧量、氨氮、总磷、总氮、氟化物、挥发酚、氰化物、砷、硒、汞、六价铬、铜、锌、铅、镉、硫化物、阴离子表面活性剂、石油类、粪大肠菌群、氯化物、硝酸盐、硫酸盐、铁、锰等	阴离子洗涤剂、有机氯农药、有机磷农药、碳酸盐等

续表

地表水类型	必测项目	选测项目
湖泊、水库	水温、pH 值、电导率、溶解氧、化学需氧量、五日生化需氧量、氨氮、总磷、总氮、氟化物、挥发酚、氰化物、砷、硒、汞、六价铬、铜、锌、铅、镉、硫化物、阴离子表面活性剂、石油类、粪大肠菌群、透明度、叶绿素 a 等	钾、钠、藻类（优势种）、浮游藻、可溶性固体总量等
排污河（渠）	根据纳污情况确定	根据纳污情况确定
底泥	砷、汞、铬、铅、镉、铜等	硫化物、有机氯农药、有机磷农药等

饮用水保护区或饮用水源的江河除监测常规项目外，必须注意剧毒和“三致”有毒化学品的监测。

二、工业废水监测项目

工业废水监测项目见表 2-2。

表 2-2　工业废水监测项目

类别	监测项目
石油开采	pH 值、化学需氧量、生化需氧量、悬浮物、硫化物、挥发酚、石油类等
焦化	化学需氧量、生化需氧量、悬浮物、硫化物、挥发酚、氰化物、石油类、氨氮、苯类、多环芳烃、水温等
选矿药剂	化学需氧量、生化需氧量、悬浮物、硫化物、挥发酚等
石油炼制	pH 值、化学需氧量、生化需氧量、悬浮物、硫化物、挥发酚、氰化物、石油类、苯类、多环芳烃等

续表

类别		监测项目
煤矿（包括洗煤）		pH值、悬浮物、砷、硫化物等
火力发电、热电		pH值、水温、悬浮物、硫化物、砷、铅、镉、酚、石油类等
化学矿开采	硫铁矿	pH值、悬浮物、硫化物、铜、铅、锌、镉、汞、砷、六价铬等
	磷矿	pH值、悬浮物、氟化物、硫化物、砷、铅、磷等
	雄黄矿	pH值、悬浮物、硫化物、砷等
	汞矿	pH值、悬浮物、硫化物、砷、汞等
	萤石矿	pH值、悬浮物、氟化物等
无机原料	硫酸	pH值、悬浮物、硫化物、氟化物、铜、铅、锌、镉、砷等
	氯碱	pH值（或酸度、碱度）、化学需氧量、悬浮物、汞等
	铬盐	pH值（或酸度）、总铬、六价铬等
有机原料		pH值（或酸度、碱度）、化学需氧量、生化需氧量、悬浮物、挥发酚、氰化物、苯类、硝基苯类、有机氯等
化肥	氮肥	化学需氧量、生化需氧量、挥发酚、氰化物、硫化物、砷等
	磷肥	pH值（或酸度）、化学需氧量、悬浮物、氟化物、砷、磷等
橡胶	合成橡胶	pH值（或酸度、碱度）、化学需氧量、生化需氧量、石油类、铜、锌、六价铬、多环芳烃等
	橡胶加工	化学需氧量、生化需氧量、硫化物、六价铬、石油类、苯、多环芳烃等
染料		pH值（或酸度、碱度）、化学需氧量、生化需氧量、悬浮物、挥发酚、硫化物、苯胺类、硝基苯类等
化纤		pH值、化学需氧量、生化需氧量、悬浮物、铜、锌、石油类等
制药		pH值（或酸度、碱度）、化学需氧量、生化需氧量、石油类、硝基苯类、硝基酚类、苯胺类等
农药		pH值、化学需氧量、生化需氧量、悬浮物、硫化物、挥发酚、砷、有机氯、有机磷等
塑料		化学需氧量、生化需氧量、硫化物、氰化物、铅、砷、汞、石油类、有机氯、苯类、多环芳烃等

三、生活污水监测项目

化学需氧量、生化需氧量、悬浮物、氨氮、总氮、总磷、阴离子洗涤剂、细菌总数、大肠菌群等。

四、医院污水监测项目

pH 值、色度、浊度、悬浮物、余氯、化学需氧量、生化需氧量、致病菌、细菌总数、大肠菌群等。

五、地下水监测项目

地下水监测项目主要根据地下水在本地区的天然污染状况、工业与生活污染状况和环境管理的需要确定。地下水监测项目要求如下。

（1）全国重点基本站应符合表 2-3 中必测项目要求，并根据地下水用途选测有关监测项目。

（2）源性地方病源流行地区应另增测碘、钼等项目。

（3）工业用水应另加测侵蚀性二氧化碳、总可溶性固体、磷酸盐等项目。

（4）沿海地区应另加测碘等项目。

（5）农村地下水，可选测有机氯、有机磷农药及凯氏氮等项目；有机污染严重区域应选测苯系物、烃类、挥发性有机碳和可溶性有机碳等项目。

表 2-3　地下水监测项目

必测项目	选测项目
pH 值、溶解性总固体、总硬度、氯化物、氟化物、硫酸盐、氨氮、硝酸盐氮、亚硝酸盐氮、高锰酸钾指数、挥发性酚、氰化物、砷、汞、六价铬、铅、铁、锰、大肠菌群	色、臭和味、浊度、肉眼可见物、铜、锌、钼、钴、阴离子合成洗涤剂、碘化物、硒、铍、钡、镍、六六六、滴滴涕、细菌总数、总 α 放射性、总 β 放射性

第二节　地表水监测方案

一、基础资料的收集

在制订监测方案之前，应尽可能完备地收集监测水体及其所在区域的有关资料，水体的水文、气候、地质和地貌资料，如水位、水量、流速及流向的变化，降雨量、蒸发量及历史上的水情，河流的宽度、深度、河床结构及地质状况，湖泊沉积物的特性、间温层分布、等深线等。

（1）水体沿岸城市分布、工业布局、污染源及其排污情况、城市给排水情况等。

（2）水体沿岸的资源现状，水资源的用途，饮用水源分布，重点水源保护区、水体流域土地功能及近期使用计划等。

（3）历年的水质资料等。

（4）水资源的用途、饮用水源分布和重点水源保护区。

（5）实地勘查现场的交通情况、河宽、河床结构、岸边标志等。对于湖泊，还需了解生物特点、沉积物特点、间温层分布、容积、平均深度、等深线和水更新时间等。

（6）收集原有的水质分析资料或在需要设置断面的河段上设若干调查断面进行采样分析。

二、监测断面和采集点的设置

在对调查研究结果和有关资料进行综合分析的基础上，根据监测目的和监测项目，并考虑人力、物力等因素来确定监测断面和采样点。同时还要考虑实际采样时的可行性和方便性。

（一）监测断面的设置原则

监测断面的设置原则的确定，主要考虑水质变化较为明显、特定功能水域或有较大的参考意义的水体，具体来讲可概述为以下六个方面。

（1）有大量废水排入河流的主要居民区、工业区的上游和下游。

（2）湖泊、水库、河口的主要入口和出口。

（3）较大支流汇合口上游和汇合后与干流充分混合处，入海河流的河口处，受潮汐影响的河段和严重水土流失区。

（4）国际河流出入国境线的出入口处。

（5）饮用水源区、水资源集中的水域、主要风景游览区、水上娱乐区及重大水利设施所在地等功能区。

（6）应尽可能与水文测量断面重合，并要求交通方便，有明显的岸边标志。

监测断面的设置数量，应根据掌握水环境质量状况的实际需要，在了解、优化污染物时空分布和变化规律的基础上，以最少的断面、垂线和测点取得代表性最好的监测数据。

（二）河流监测断面的设置

对于江、河水系或某一河段，要求设置对照断面、控制断面、削减断面、背景断面。

（1）对照断面：为了解流入监测河段前的水体水质状况而设置。这种断面应设在河流进入城市或工业区以前的地方。一个河段一般只设一个对照断面，有主要支流时可酌情增加。

（2）控制断面：为评价、监测河段两岸污染源对水体水质的影响而设置。控制断面的数目应根据城市的工业布局和排污口分布情况而定，断面的位置与废水排放口的距离应根据主要污染物的迁移、转化规律，河水流量和河道水力学特征确定，一般设在排污口下游 500～1 000 m 处，因为在排污口下游 500 m 横断面上的 1/2 宽度处重金属浓度一般出现高峰值。在特殊要求的地区，如水产资源区、风景游览区、自然保护区、与水源有关的地方病发病区、严重水土流失区及地球化学异常区等的河段上也应设置控制断面。

（3）削减断面：是指河流受纳废水和污水后，经稀释扩散和自净作用，使污染物浓度显著下降。其左、中、右三点浓度差异较小的断面，通常设在城市或工业区最后一个排污口下游 1 500 m 以外的河段上。水量小的小河流应视具体情况而定。

（4）背景断面：有时为了取得水系和河流的背景监测值，还应设置背景断面。这种断面上的水质要求基本上未受人类活动的影响，应设在清洁河段上。

（三）河流采样点位的确定

设置监测断面后，应根据水面的宽度确定断面上的采样垂线，再根据采样垂线的深度确定采样点的位置和数目。在一个监测断面上设置的采样垂线数与各垂线上的采样点数应符合表 2-4 和表 2-5，湖（库）监测垂线上的采样点的布设应符合表 2-6。

表 2-4　采样垂线数的设定

水面宽	垂线数	说明
≤50 m	一条（中泓垂线）	垂线布设应避开污染带，要测污染带应另加第一线；确能证明该断面水质均匀时，可仅设中泓垂线，凡在该断面要计算污染通量时，必须按本表设置垂线
50～100 m	两条（近左、右岸有明显水流处）	
＞100 m	三条（左、中、右）	

表 2-5　采样垂线上的采样点数的设置

水深	采样点数	说明
≤5 m	上层一点	上层指水面下 0.5 m 处，水深不到 0.5 m 时，在水深 1/2 处；下层指河底以上 0.5 m 处
5～10 m	上、下层两点	中层指 1/2 水深处； 封冻时在冰下 0.5 m 处采样，水深不到 0.5 m 处时，在水深 1/2 处采样； 凡在该断面要计算污染物通量时，必须按本表设置采样点
＞10 m	上、中、下三层三点	

表 2-6　湖（库）监测垂线上采样点的布设

水深	分层情况	采样点数	说明
≤5 m	-	一点（水面下 0.5 m 处）	分层是指湖水温度分层状况；水深不足 1 m，在 1/2 水深处设测点；有充分数据证实垂线水质均匀时，可酌情减少测点
5～10 m	不分层	两点（水面下 0.5 m，水底上 0.5 m）	
5～10 m	分层	三点（水面下 0.5 m，1/2 斜温层，水底上 0.5 m 处）	
＞10 m	-	除水面下 0.5 m、水底上 0.5m 外，按每一斜温分层 1/2 处设置	

（四）湖泊、水库监测垂线的布设

湖泊、水库通常只设监测垂线，如有特殊情况可参照河流的有关规定设置监测断面。

（1）污染物影响较大的重要湖泊、水库，应在污染物的主要输送路线上设置控制断面。

（2）湖（库）区的不同水域，如进水区、出水区、深水区、浅水区、湖心区、岸边区，按水体类别设置监测垂线。

（3）湖（库）区若无明显功能区别，可用网格法均匀设置监测。

垂线上采样点位置和数目的确定方法与河流相同。如果存在间温层，应先测定不同水深处的水温、溶解氧等参数，确定成层情况后再确定垂线上采样点的位置。

监测断面和采样点的位置确定后，其所在位置应该固定明显的岸边天然标志物。如果没有天然标志物，则应设置人工标志物，如竖石柱、打木桩等。每次采样要严格以标志物为准，使采集的样品取自同一位置上，以保证样品的代表性和可比性。

（五）采样时间和采样频率的确定

为使采集的水样具有代表性，能够反映水质在时间和空间上的变化规律，必须确定合理的采样时间和采样频率，力求以最低的采样频次，取得最有时间代表性的样品，既要满足能反映水质状况的要求，又要切实可行，一般原则如下。

（1）饮用水源地、省（自治区、直辖市）交界断面中需要重点控制的监测断面每月至少采样 1 次。

（2）国控水系、河流、湖、库上的监测断面，逢单月采样 1 次，全年 6 次。

（3）水系的背景断面每年采样 1 次。

（4）受潮汐影响的监测断面采样，分别在大潮期和小潮期进行。每次采集的涨、退潮水样应分别测定。涨潮水样应在断面处水面涨平时采样，退潮水样应在水面退平时采样。

（5）如某必须项目连续三年均未检出，且在断面附近确定无新增排放源，而现有污染源排污量未增的情况下，每年可采样 1 次进行测定。一旦检出，或在断面附近有新的排放源或现有污染源有新增排污量时，即恢复正常采样。

（6）国控监测断面（或垂线）每月采样 1 次，在每月 5～10 d 内进行采样。

（7）遇有特殊自然情况或发生污染事故时，要随时增加采样频次。

第三节　水污染源监测方案

一、采样前的调查研究

要保证采样地点、采样方法可靠并使水样有代表性，必须在采样前进行调查研究工作，包括以下几个方面的内容。

（1）调查工业用水情况。工业用水一般分生产用水和管理用水。生产用水主要包括工艺用水、冷却用水、漂白用水等。管理用水主要包括地面与车间冲洗用水、洗浴用水、生活用水等。

需要调查清楚工业用水量、循环用水量、废水排放量、设备蒸发量和渗漏损失量，可用水平衡计算法和现场测量法估算各种用水量。

（2）调查工业废水类型。工业废水可分为物理污染废水、化学污染废水、生物及生物化学污染废水三种主要类型以及混合污染废水。

通过生产工艺的调查，计算出排放水量并确定需要监测的项目。

（3）调查工业废水的排污去向。调查内容有：①车间、工厂或地区的排污口数量和位置；②直接排入还是通过渠道排入江、河、湖、库、海中，是否有排放渗坑。

二、采样点的设置

水污染源一般经管道或沟、渠排放，水的截面面积比较小，不需设置断面，而直接确定采样点位。

（一）工业废水

（1）在车间或车间设备出口处应布点采样测定第一类污染物。所谓第一类污染物即毒性大、对人体健康产生长远不良影响的污染物，这些污染物主要包括汞、镉、砷、铅、六价铬的无机化合物、有机氯和强致癌物质等。

（2）在工厂总排污口处应布点采样测定第二类污染物。所谓第二类污染物即除第一类污染物之外的所有污染物，这些污染物包括悬浮物、硫化物、挥发酚、氧化物、有机磷、石油类、铜、锌、硝基苯类、苯胺类等。

（3）有处理设施的工厂，应在处理设施的排出口处布点。为了解对废水的处理效果，可在进水口和出水口同时布点采样。

（4）在排污渠道上，采样点应设在渠道较直、水量稳定、上游没有污水汇入处。

（5）某些二类污染物的监测方法尚不成熟，在总排污口处布点采样监测，因干扰物质多而会影响监测结果。这时，应将采样点移至车间排污口，按废水排放量的比例折算成总排污口废水中的浓度。

（二）生活污水和医院污水

采样点设在污水总排放口，对污水处理厂，应在进、出口分别设置采样点采样监测。

三、采样时间和频率的确定

（一）监督性监测

地方环境监测站对污染源的监督性监测每年不少于 1 次，被国家或地方环境保护行政主管部门列为年度监测的重点排污单位，应增加到 2～4 次。因管理或执法的需要所进行的抽查性监测或企业的加密监测由各级环境保护行政主管部门确定。

生活污水每年采样监测 2 次，春、夏季各 1 次，医院污水每年采样监测 4 次，每季度 1 次。

（二）企业自我监测

工业废水按生产周期和生产特点确定监测频率。一般每个生产日至少 3 次。排污单位为了确认自行监测的采样频次，应在正常生产条件下的一个生产周期内进行加密监测。周期在 8 h 以内的，每小时采 1 次样；周期大于 8 h 的，每 2 h 采 1 次样，但每个生产周期采样次数不少于 3 次，采样的同时测定流量，根据加密监测结果，绘制污水污染物排放曲线（浓度-时间、流量-时间、总量-时间），并与所掌握资料对照，如基本一致，即可据此确定企业自行监测的采样频次。根据管理需要进行污染源调查性监测时，也按此频次采样。

排污单位如有污水处理设施并能正常运转使污水能稳定排放，则污染物排放曲线比较平稳，监督监测可以采瞬时样；对于排放曲线有明显变化的不稳定排放污水，要根据曲线情况分时间单元采样，再组成混合样品，正常情况下，混合样品的单元采样不得少于两次。如排放污水的流量、浓度甚至组分都有明显变化，则在各单元采样时的采样量应与当时的污水流量成正比，以使混合样品更有代表性。

第四节　地下水水质监测方案

一、调查研究和收集资料

（1）收集、汇总监测区域的水文、地质、气象等方面的有关资料和以往的监测资料。例如，地质图、剖面图、测绘图、水井的成套参数、含水层、地下水补给、径流和流向，以及温度、湿度、降水量等。

（2）调查监测区域内城市发展、工业分布、资源开发和土地利用情况，尤其是地下工程规模、应用等；了解化肥和农药的施用面积和施用量；查清污水灌溉、排污、纳污和地面水污染现状。

（3）测量或查知水位、水深，以确定采水器和泵的类型、所需费用和采样程序。

（4）在完成以上调查的基础上，确定主要污染源和污染物，并根据地区特点与地下水的主要类型把地下水分成若干个水文地质单元。

二、采样点的设置

由于地质结构复杂，地下水采样点的设置也变得复杂，自监测井采集的水样只代表含水层平行和垂直的一小部分，所以，必须合理地选择采样点。

（一）地下水采样井布设原则

（1）全面掌握地下水资源质量状况，对地下水污染进行监视、控制。

（2）根据地下水类型分区与开采强度分区，以主要开采层为主布设，兼顾深层和自流地下水。

（3）尽量与现有地下水水位观测井网相结合。

（4）采样井布设密度为主要供水区密，一般地区稀；城区密，农村稀；污染严重区密，非污染区稀。

（5）不同水质特征的地下水区域应布设采样井。

（6）专用站按监测目的与要求布设。

（二）地下水采样井布设方法与要求

（1）在下列地区应布设采样井：①以地下水为主要供水水源的地区。②饮水型地方病（如高氟病）高发地区。③污水灌溉区、垃圾堆积处理场地区及地下水回灌区。④污染严重区域。

（2）平原（含盆地）地区地下水采样井布设密度一般为1眼/（200 km^2），重要水源地或污染严重地区可适当加密；沙漠区、山丘区、岩溶山区等可根据需要，选择典型代表区布设采样井。

（3）一般水资源质量监测及污染控制井根据区域水文地质单元状况，视地下水主要补给来源，可在垂直于地下水流的上方，设置一个至数个背景值监测井。或者根据本地区地下水流向、污染源分布状况及活动类型与分布特征，采用网格法或放射法布设。

（4）多级深度井应沿不同深度布设数个采样点。

三、采样时间与频率的确定

（1）背景井点每年采样1次。

（2）全国重点基本站每年采样2次，丰、枯水期各1次。

（3）地下水污染严重的控制井，每季度采样1次。

（4）在以地下水作生活饮用水源的地区每月采样1次。

（5）专用监测井按设置目的与要求确定。

第三章　水质的自动监测

第一节　水质自动监测系统的建设

一、水质自动监测系统概述

水质自动监测系统是指使用专业的系统软件对水环境进行采样，并对水质进行自动检测、分析、处理的实时监测系统。与传统的手工监测方式相比，水质自动监测系统在降低人工成本、提高工作效率、保证监测质量等方面具有优势。具体来说，水质自动监测系统通过自动化仪器对水环境进行机械式采样，对水质中水体溶解氧、浊度、pH 值、电导率、水温等参数进行自动监测，从而收集到全面、真实、准确的水质监测数据，并及时将监测结果和数据检测分析上传至数据管理平台中，便于工作人员实时查看监测数据，全面了解水体整体状况，这样有助于工作人员在水质恶化初期采取有针对性的措施消除污染源，避免水质污染范围进一步扩大。而且一旦前端传感器监测到某处水质参数超过水质标准值，水质自动监测系统还能及时发出警报，让工作人员快速响应，确保水质治理的及时性。水质自动监测系统是一种主动式监测手段，改变了以往的被动监测方式，不仅能够及时监测水域质量，还能提供可靠数据支持上游水域的科学治理，同时也能提供预警，便于下游水域提前采取相对应的防范措施。

水质自动监测系统的组成部分分为中心站软件平台和子站系统，它们具有各种功能和作用。其中中心站软件平台能够全面接收各个子站系统所采集的监测点数据，始终确保数据的及时性和有效性，并科学分析监测数据，生成详细的监测报告，同时自动生成对应的数据图表，便于工作人员直观清晰地了解水质的变化情况。中心站软件平台也能科学处理超过安全值域的监测数据，一旦监测到水质超标数据便会自动发送报警信息通知工作人员。在必要情况下，中心站软件平台可以远程重启对应的子站系统，调整修改远程参数，确保集约化管理的成效，提高管理效率。当然，中心站软件平台可以保留、存储所有的监测数据，方便工作人员随时查找翻阅历史数据，为后续工作的开展提供有效参考和指导。而子站系统是水质自动监测系统不可或缺的组成部分，子站系统负责整个系统所有数据的分析、整理、处理工作，并对水质的常规五参数、高锰酸盐指数、氨氮、总有机碳等参数指标进行重点监测。

目前，各个国家都在推广水质自动监测系统，因为水质自动监测系统在数据采集、分析、整理、传输等方面具有显著优势，此种监测方式也逐步成为水质监测的主流发展方向。当然，水质自动监测系统也存在一定的不足，不仅建设初期需要投入大量成本，而且维护成本较高，这就使得系统整体运行费用居高不下，同时对操作人员的技术知识水平、操作技能水平和维修人员的维修水平提出了严格的要求。所以，在日常水质监测工作开展中，我们仍旧需要加大水质自动监测系统的研究力度，持续提高监测系统的自动化、智能化水平，提高水质在线监测能力，更好地为水质保护工作提供高效服务。

二、水质自动监测系统的建设原则

为了科学优化监测指标，强化水质波动研判分析能力，加强监测成果运用，为健康水环境“把好脉”，我们需要加大水质自动监测系统的建设力度，有效解决人工监测效率低、响应不及时等问题，以完善的供水安全保障体系保障用水安全。具体来说，在水质自动监测系统建设过程中，需要严格遵循以下建设原则。

（一）标准化原则

在建设安装水质自动监测系统时，必须严格遵守国家颁布的相关法律法规，不能存在违规作业或者不规范作业情况。要全面标准化设计水质自动监测系统的硬件技术指标，进一步提高硬件使用性能和应用水平。同时也要统一标准化设计软件，各种运行软件需要提供实现相互兼容的接口，做到互联互通，确保数据的开放性。此外，为了充分满足政府层级、不同厂家设备、不同软件应用、不同协议间的有效连接需求，整体水质自动监测系统在设计、技术、设备选择方面都需要支持国际标准的网络接口和协议，以进一步构建高度开放的发展格局。

（二）智能化原则

在规划设计水质自动监测系统时，需要考虑到未来发展方向，从而有效满足水质环境集约、高产、高效、生态、安全的发展需求。通过综合应用智能传感、无线传感网、无线通信、智能处理与智能控制等物联网技术，打造生态环境监测新引擎，实现水质监测智能化发展，确保水质自动监测系统集水质采集、智能分析处理、预警信息、决策支持、远程自动控制等多种功能于一体，促进水质监测质量和效率的双提升。水质智能监测系统的应用，能够结合大数据、人工智能监测分析等技术手段智能化分析高锰酸盐指数、氨氮、总磷、总氮等水质监测参数指标，最大限度降低监测误差，真正做到智能化、高效化、精准化。除此之外，还能够智能化管理水质样品采样、运输、前处理、数据分析、数据报送、数据存储等多个运行环节，实现水质监测分析全程留痕、进度可视、结果可追溯。

（三）实用性原则

由于水质自动监测系统需要为各个用户或者某项工程提供高效服务，所以，在建设过程中实用性也是必须遵循的原则，所建设的水质自动监测系统、所选择的监测地点都需要符合工程的实际情况，满足用户的实际使用要求。具体来说，在进行水质自动监测系统设计建设前，工作人员需要开展实地考察调研，了解实际情况，结合实际优化资源配置，合理布局监测网点，科学选择监测项目，确保水质自动监测系统的建设和应用达到最佳状态。在建设时，部分外界因素可能会影响监测系统的正常运行，还需要提前采取有针对性的措施消除不良影响。比如，进行水质监测取样时，如果取样河流属于季节性河流或者河流水位存在较大变化，就可以将传感器、采样泵支架等仪器设备增加安装在取水口位置处，这样传感器能够对采样端口与水体底部距离进行动态监测，及时将数据传输给中心系统，这样监控中心系统的工作人员就能够全面掌握水质监测区域现场的实际情况，做出正确判断，合理调整水质监测方式。而采样泵支架能够有效避免枯水期水体底部泥沙进入采水系统中，始终确保采水数据的正确性，杜绝异常数据产生。

三、水质自动监测系统的建设路径

（一）合理构建工作协调机制

水质自动监测系统建设工作较为烦琐，复杂性较强，在实际施工建设过程中需要综合考虑多项内容，涉及多项建设环节，一旦各项工作安排不协调，缺乏有效沟通，就无法提升建设效率和质量。为了保证水质自动监测系统建设工作高效有序进行，在规定时间内高质量完成，相关单位需要合理构建工作协调机制，提升沟通意识和协调意识，保持联系畅通，在相互配合协作下，统筹解决监测系统建设中存在的各项问题。相关单位需要从各个部门中抽调专业性人才组建工作协调小组，根据实际情况建立健全工作协调制度，协调小组负责统筹、规划、指导水质自动监测系统的建设工作，明确职责分工，认真落实各项建设工作，形成高效运行的长效工作机制。

（二）建设规范化、标准化的站房

在水质自动监测系统施工建设中，站房不仅是建设的基础性内容，也是不可或缺的结构组成，为了有效提高水质自动监测系统整体施工建设质量，就需要科学选址，合理设计站房结构，科学规划布局，规范化、标准化地建设站房。就当前实际情况来看，部分区域在建设站房时仍旧保持着传统、落后的管理观念，再加上缺乏丰富的建设经验，导致实际的站房建设效果达不到理想预期。为了有效解决这些问题，相关单位需要全面整合我国水质自动化监测站管理相关文件，综合考虑当地水质条件、地质条件等因素，科学制定站房建设技术标准和建设规范流程，从源头上把控站房的规范化建设，这样才能充分发挥水质自动监测系统的功能和作用，确保生态效益、经济效益、社会效益最大化。

（三）科学构建自动监控平台和数据管理平台

为了全面监测当地水域的水质环境状况，监测区域并不仅仅设置一个水质自动监测系统，往往设置由几十个或者上百个水质自动监测站构建形成的庞大而完整的水质自动监测体系。在这个水质自动监测体系中，每天所产生的实时监测数据总体数量庞大，如果采取人工处理数据的方式就需要花费大量的时间和精力，大大加重了工作人员的负担，所花费的成本也很高。为了保证数据信息处理的高效化和精准度，相关单位需要根据当地实际情况开发建设自动监控平台和数据管理平台，确保现有的数据处理效率大大提升，有效满足水质监测工作的高标准和高需求。在处理数据信息时，各个区级监测部门需要将水质自动监测数据及时上报给市级部门，由市级部门统一统计、分析、处理、归纳汇总，实现一体化数据管理，大幅度提升水质自动监测系统的数据处理水平。

四、水质自动化监测系统的应用管理策略

（一）加强水质自动监测站的运行维护

当水质自动监测系统投入使用后，后期的运行管理效率和管理质量会对整体水质监测效果产生重大影响。所以，在水质自动监测系统应用过程中，相关单位还需要加强运行维护管理，确保水质自动监测系统安全稳定高效运行，提高自动监测数据的精确度，便于工作人员全面掌握水环境的实际质量状况。一般来说，水质自动监测系统建成投入应用后，常见的运行管理方式包括两种：一是生态环境部门的自主运维管理，二是委托第三方机构开展运维工作。相比于生态环境部门自主运维管理方式，第三方机构运维管理有着显著优势，包括管理人员配备充足、自主运行管理、所受到的行政干预较小等，以此来为水质自动监测系统运行数据的稳定性和可靠性提供有力保障。因此，各个区域在进行水质自动监测系统运行维护管理时，在综合权衡利弊的基础上，将运行管理工作全面委托给第三方机构，既能保证水质自动监测系统的运行效果，也能提高整体运行维护质量。

（二）加大监督管理力度

在水质自动监测系统运行维护过程中，多种外界因素会对仪器设备的正常运行产生不良影响，引发运行误差、运行不安全、监测数据异常等问题，这就难以保证监测数据的准确性和真实性。所以，应用水质自动监测系统时，相关单位还需要加大监督管理力度，有效监督水质监测工作的各个环节，确保水质自动监测系统中的各个仪器设备始终保持稳定安全的运行状态，降低监测误差率。水质自动监测系统的主要构成环节分为自动监测、数据传输、数据分析、

数据应用等，无论哪个环节存在不足和缺陷，都会对水质自动监测系统的正常运行造成严重影响，这就要求在开展监督管理工作时，相关单位根据实际情况建立运营单位信息反馈-区级审核-市级监控的管理制度，明确划分各部门的工作内容和工作职责，确保权责清晰，整体管理体系运行通畅，使各项监督更加规范、更加有力、更加有效，持续提高监督管理的针对性和精准性。其中运营单位需要对水质自动监测系统的日常维护运行工作进行全面监管，减少运行故障的发生，切实提升系统运行的安全性和稳定性；区级的监测部门需要及时收集、整理、处理各水质自动监测系统监测过程中所产生的全部监测数据，及时上报水质监测的异常情况或者超标情况；而市级监测部门需要综合汇总、分析全市的水质自动监测数据，全面评估、合理判断全市的水质质量，有效制订对应的水质保护方案和行动计划，确保区域内水源地水质总体达标，显著提高水源地水环境安全保障水平，提升水质管理成效。

水资源是人类赖以生存和发展的重要资源之一，水质质量将会对人体健康产生重要影响，随着环保理念的深入人心，人们越发重视水质安全，水环境监测需求不断增长，这就要求相关单位要切实做好水质监测工作，全面保障水源安全，让人们喝上干净水、健康水和放心水。水质自动监测系统可以实现 24 小时全天候自动监测，帮助工作人员随时掌握水质变化状况，综合了解水质变化规律，并对潜在的水环境风险及时预警，确保地表水水质自动监测能力和预警监测能力得到有效增强，为加强用水安全管理工作提供可靠依据和技术支持。因此，相关单位需要将河流水质监测摆在重要位置，在水源地监测站、环保监测站等广泛应用水质自动监测系统，并加强研究水质自动监测系统的建设与应用管理，采取科学、合理的优化路径，充分发挥出水质自动监测系统的应用效能，快速有效解决水质问题。

第二节　水质自动监测技术的应用及案例分析

一、水质自动监测技术概述

水质自动监测技术问世于 20 世纪 70 年代，当时其监测内容较少，主要针对 pH 值、SS（suspended solids，固体悬浮物）、氨氮、BOD（biochemical oxygen demand，生化需氧量）和 COD（chemical oxygen demand，化学需氧量）等五项指标进行检测。进入 21 世纪后，遥感技术、地理信息系统及全球定位系统逐渐运用到水质自动监测过程中，形成了具有高度信息化特征的水质监测体系，可实现重点流域水质自动连续监测，效果显著。

随着技术的创新，水环境保护在原有的五项检测指标基础上又增加了溶解氧（dissolved oxygen, DO）、电导率、浊度、高锰酸盐指数等指标，对水质监测提出了更高的要求。为此，水质自动监测体系开始利用物联网及信息技术进行水质信息的自主采集。上述自动监测系统支持数据高效整合分析，可在短时间内获取水质的真实情况，避免了人为要素的干扰。同时，支持全程自动化操作，系统运行更稳定，日常维护更简单，且监测准确率和时效性都明显提升，使得我国水环境保护工作稳步推进。

二、水质自动监测技术在不同场景中的运用

（一）用于排污口水质监测

排污口水质监测是水环境保护的重要工作，污水需经过专业处理符合标准进入市政管网或江河湖海。通过水质自动监测技术可对排污口水质进行监测，查看污水是否符合入河水质要求。在运用时将水质自动监测设备安装于污水处理厂或工业排污口，可实时在线采集水中重金属含量、pH 值等参数，通过远程监控使环保部门掌握企业排污情况，实时预警处理。同时，该技术支持企业污水排放量的智能化计算，可及时查明排污企业是否存在排污费拖欠及漏报排污量等问题。

（二）用于水库水质监测

水库主要负责提供居民饮用水、工业用水及农业用水，与生产生活息息相关。将水质自动监测系统用于水库水质监测可实时监测水质数据变化，若水质指标在短时间内超出设定阈值，则系统发出告警。工作人员可根据告警信息及时预防处理，保证水质安全，避免出现蓄水危机或水质污染。我国传统的水库水质监测很难实现持续性的高频率水质监测，难以于水污染早期发现问题，水质监测带有一定滞后性。而水质自动监测系统可利用自动化装置实时采集，并及时反馈，使保护部门第一时间获取有效信息，锁定污染区域，探明污染成因，紧急部署，极大提升了水库水质监测质量和水污染防治效率。

（三）用于地表水水质监测

水环境保护中，地表水监测及保护必不可少。水质自动监测系统可实现对地表水水质监测，分析水质变化情况、水域流动情况，第一时间汇报与处理出现的异常情况。受我国行政区域管辖分割的影响，跨区域水质监测不够全面，

甚至存在明显的灰色地带，而水质自动监测技术可实现全方位、无死角在线监测，为跨区域污水整治提供了参考依据，实用价值显著。

三、水质自动监测技术的案例分析

（一）前期准备

以某工厂为例，该厂利用水质自动监测技术对其循环冷却水指标进行监测，其装置主要包括采样水泵（750 W 自吸泵）1 台、水管、电缆、通信线缆及穿线管，安装过程中要求如下：

（1）装置定位。按照《工业循环冷却水处理设计规范》（GB 500050—2007）中的技术要求，将水泵、水管、电缆等装置预装到指定位置。

（2）水路连接。本次水质自动监测环节分别设置循环水路（包括进水回路和出水回路）和逆流水路，前者主要用于循环进/出水样的采集，为采集点到监测装置间的连接管路；后者主要用于无压排放，为经监测装置后到排放管道间的连接管路。

（3）指标设定。按照水质监测标准调试装置，保证水质自动监测平台中可准确显示循环水的水温、酸碱度、硬度、浊度等。

（二）试验验证

本次试验中人工监测和自动监测同时开展，监测周期为 30 d，通过对比两组 30 d 中水质连续监测结果，判断水质自动监测的可靠性和准确性。

（1）调取监测周期内水质自动监测系统中的 pH 值、总硬度、NTU（浊度单位）等关键指标，可发现所取水样氯离子含量及总铁含量超标，浊度偏高，在一定程度上影响了工厂设备的安全性能和可靠性能。

（2）所取水样 pH 值平均为 8.23，偏弱碱性。30 d 的 pH 值最小为 7.67，最大为 8.48，不会引起析氢反应（pH 值＜5.5 时，设备钝化膜遇酸反应，保护膜易损坏，致使装置氧化）或影响装置传热（pH 值＞9.5 时，设备中铁元素遇碱反应，生成 $Fe(OH)_3$，形成颗粒、沉淀，附着在装置上），满足工厂循环水使用要求。

（3）所取水样总硬度平均值为 408.16 mg/L，30 d 内变化幅度大多不超过 100 mg/L，基本稳定；个别天数中变化幅度在 200 mg/L 左右，现场调查后发现为当日补充水硬度过大导致，在补水过程中应全面注意。

（4）所取水样氯离子平均值为 789.71 mg/L，明显高于循环水水质指标（700 mg/L），其 30 d 内最大含量可达 860.77 mg/L，造成水样电导率过高。在氯离子含量持续超标情况下，工厂循环水将会影响设备的安全性和稳定性，严重时甚至使其在高电导率水样中出现点状腐蚀，造成设备损毁，针对该情况应及时处理。

（5）所取水样铁含量平均值为 2.34 mg/L，是循环水总铁指标（1.0 mg/L）的 2～3 倍，加大了设备腐蚀的可能性。尤其是在个别天数中，总铁含量超过 3.0 mg/L，严重影响了设备安全运行效果，应加大补水及缓蚀处理。

（6）所取水样需氧量平均值为 78.96 mg/L，变化幅度在 40 mg/L 之内，均在标准范围内。

（7）所取水样浊度平均值为 21.92，远超过循环水水质指标。现场可直接观察到循环水浊度超标，应加大阻垢剂用量并及时补充新水。对比所取水样 30 d 人工监测结果，其 pH 值、总硬度、氯离子含量、铁含量等基本一致，该厂污水排放口存在重金属超标。针对排污口污水处理系统进行检修检查，发现是排污系统出现故障，污水处理能力减弱，从而出现重金属超标等问题，确定水质自动监测结果快速、高效，且准确无误。

（三）效益评估

在工厂引入水质自动监测系统后，完成了对 6 个排污口水质信息数据的及时采集、动态监测，发现了该厂排污口污染源超标情况，通过人员及时处理和防护，全面提升了污水排放质量和水生态环保效果。水质自动监测系统对应的自动监测、自动报警、数据处理和综合信息处理等功能，真正做到对企业排污口污染源的全面监测，使得企业获得理想的经济效益回报，且帮助企业履行生态保护责任。

四、水质自动监测技术应用思考

水质自动监测技术可远程采集、在线传输、智能监测、实时告警，时效性强、准确度高、功能完备，具有非常高的实用价值。但受人员因素、技术因素等影响，现阶段推广应用中也存在一些问题，亟待处理。

（一）应用范围偏小

目前，我国水质自动监测系统应用范围较小，自动监测站点较少，部分水库及水系监测仍选择传统的人工模式，影响了水质自动监测技术的推广应用。因此，要继续加大宣传，组建高素质、精英型的水环境保护团队，以实现水质自动监测技术在基层、偏远地区的推广，带来传统工作模式与流程的改进，让信息技术更好地助力水环境保护。同时，还要注重对技术人员的教育培训，使其熟练使用水质自动监测系统，掌握先进的监测技术，灵活处理监测中的突发情况，切实提高水质自动监测效果。

（二）技术有一定缺陷

在技术推广中也存在技术方面的缺陷，主要表现为：水质监测数据与实际水质数据有一定偏差，对水质监测复杂环境适应性较差，水质自动化监测技术功能相对单一，等等。针对上述问题，应改良水质自动监测设备生产工艺，针对监测设备在复杂作业环境下容易运行不稳定、监测精度下降的情况，进行设备性能的改进，并配合引进国外先进技术，以及参考发达国家成熟的设备设计经验，为提升我国水质自动监测设备质量助力。

第四章 主要水质监测项目的分析及实验测定

第一节 物理性质指标的分析测定

一、水温的测定

水温是主要的水质物理指标。水温与水的物理、化学性质密切相关。其对密度、黏度、蒸气压、水中溶解性气体（如氧、二氧化碳等）的溶解度等有直接的影响，同时，水温对水的 pH 值、盐度等化学性质，以及水生生物和微生物活动、化学和生物化学反应速度也存在着明显影响。

水温对水中气体溶解度的影响，以氧为例，随着水温的升高，氧在水中的溶解度逐渐降低。在 1 atm（1.01×10^5 Pa）的大气压下，氧在淡水中的溶解度在 10 ℃时为 11.33 mg/L，20 ℃时为 9.17 mg/L，30 ℃时为 7.63 mg/L。

水温对水中进行的化学和生物化学反应的速度有显著影响。一般情况下，化学和生物化学反应的速度随温度的升高而加快。通常温度每升高 10 ℃，反应速率约增加 1 倍。

水温影响水中生物和微生物的活动。温度的变化能引起水生生物品种的变化，水温偏高时可加速一些藻类和污水细菌的繁殖，影响水体的景观。

水的温度因水源不同而有很大差异。通常，地下水温度比较稳定，一般为 8～12 ℃。地表水的温度随季节和气候而变化，大致变化范围为 0～30 ℃。生活污水水温通常为 10～15 ℃。工业废水的水温因工业类型、生产工艺的不同而差别较大。

水温为现场观测项目之一。若水层较浅，可只测表层水温，深水（如大的江河、湖泊及海水等）应分层测温。

常用的测量水温的方法有水温度计法、深水温度计法、颠倒温度计法和热敏电阻温度计法。

（一）水温度计法

水温度计是安装于金属半圆槽壳内的水银温度表，下端连接一个金属储水杯，温度表水银球部悬于杯中，其顶端的壳带一圆环，拴一定长度的绳子。水温度计通常测量范围为 - 6～41 ℃，分度值为 0.2 ℃。

测量时将水温度计沉入水中至待测深度，放置 5 min 后，迅速提出水面并立即读数。从水温度计离开水面至读数完毕应不超过 20 s，读数完毕后，将储水杯内的水倒净。必要时，应重新测定。

水温度计法适用于测量水的表层温度。

（二）深水温度计法

深水温度计的结构与水温度计相似。储水杯较大，并有上、下活门，利用其放入水中和提升时的自动开启和关闭，使杯内装满所测温度的水样。深水温度计的测量范围为 - 2～40 ℃，分度值为 0.2 ℃。

测量时，将深水温度计投入水中，采用与水温度计法相同的测定步骤进行测定。深水温度计法适用于水深 40 m 以内的水温测量。

（三）颠倒温度计法

颠倒温度计由主温表和辅温表组装在厚壁玻璃套管内构成，主温表是双端式水银温度计，其测量范围为 - 2～35 ℃，分度值为 0.10 ℃。辅温表是普通的水银温度计，测量范围一般为 - 20～50 ℃，分度值为 0.5 ℃。前者用于测量水温，后者与前者配合使用，用于校正因环境温度改变而引起的主温表读数的变化。

测量时，随采水器沉放入一定深度的水层，放置 7 min，提出水面后立即读数，并根据主、辅温度表的读数，用海洋常数表进行校正。

颠倒温度计法适用于测量水深 40 m 以内的各层水温。

以上各种水温计应定期由计量检定部门进行校核。

（四）热敏电阻温度计法

测量水温时，启动仪器，按使用说明书进行操作。将仪器探头放入预定深度的水中，放置感温 1 min 后，读取水温数。读完后取出探头，用棉花擦干备用。

热敏电阻温度计法适用于表层和深层水温的测定。

二、色度的测定

纯水为无色透明，清洁水在水层浅时应为无色，在深层时为浅蓝绿色。天然水中存在腐殖质、泥土、浮游生物、铁和锰等金属离子，这些均可使水体着色。生活污水和工业废水（如纺织、印染、造纸、食品、有机合成工业废水）中，常含有大量的染料、生物色素和有色悬浮颗粒等，这些有色废水常给人以不愉快感，排入环境中使水体着色，减弱水体透光性，影响水生生物的生长。水的颜色与水的种类有关。

颜色是反映水体的外观指标。水的颜色分为“真色”和“表色”。真色是指去除悬浮物后水的颜色，是由水中胶体物质和溶解性物质所造成的。表色是指没有去除悬浮物的水所具有的颜色。对于清洁水和浊度很低的水，真色和表色相接近；对于着色很深的工业废水，两者差别较大。

测定真色时，要先将水样静置澄清或离心分离取上层清液，也可用孔径为

0.45 μm 的滤膜过滤去除悬浮物，但不可以用滤纸过滤，因滤纸能吸收部分颜色。有些水样含有颗粒太细的有机物或无机物质，不能用离心分离，只能测定表色，这时需要在结果报告上注明。

色度是衡量颜色深浅的指标。水的色度一般指水的真色。常用的测定方法是稀释倍数法、铂钴标准比色法和分光光度法。

（一）稀释倍数法

稀释倍数法是指将水样用蒸馏水稀释至接近无色时，用稀释倍数表示颜色的深浅。测定时，首先用文字描述水样颜色的性质，如微绿、绿、微黄、浅黄、棕黄、红等。将水样在比色管中稀释不同倍数，与蒸馏水相比较，直到刚好看不出颜色，记录此时的稀释倍数。稀释倍数法适用于受工业废水污染的地面水、工业废水和生活污水。

（二）铂钴标准比色法

铂钴标准比色法是利用氯铂酸钾（K_2PtCl_6）和氯化钴（$CoCl_2 \cdot 6H_2O$）配成标准色列，与水样进行目视比色。

每升水中含有 1 mg 铂和 0.5 mg 钴时所具有的颜色，称为 1 度，作为标准色度单位。该法所配成的标准色列，性质稳定，可存放较长时间。由于氯铂酸钾价格较贵，可以用铬钴比色法代替，即将一定量重铬酸钾和硫酸钴溶于水中制成标准色列，进行目视比色确定水样色度。该法所制成标准色列保存时间比较短。

铂钴标准比色法适用于较清洁的、带有黄色色调的天然水和饮用水的测定。

（三）分光光度法

采用分光光度法求出水样的三激励值：水样的色调（红、绿、黄等），以主波长表示；亮度，以明度表示；饱和度（柔和、浅淡等），以纯度表示。用主波长、色调、明度和纯度四个参数来表示该水样的颜色。近年来某些行业采用分光光度法检验排水水质。

三、残渣和悬浮物的测定

（一）残渣的测定

根据溶解性不同，水中固体物质可分为溶解性固体物质和不溶解性固体物质，前者有可溶性无机盐和有机物等，后者有悬浮物等。残渣是用来表征水中固体物质的重要指标之一。残渣的测定，有着重要的环境意义。若环境水体中的悬浮物含量过高，则不仅影响景观，还会造成淤积，同时也是水体受到污染的一个标志。溶解性固体含量过高同样不利于水的功能的发挥。如水中的溶解性矿物质含量过高，既不适于饮用，也不适于灌溉，有些工业用水（如纺织、印染等）也不能使用含盐量高的水。

残渣分为总残渣、总可滤残渣和总不可滤残渣三种。

1.总残渣

总残渣是水或废水在一定温度下蒸发、烘干后留在器皿中的物质，包括总不可滤残渣和总可滤残渣。测定时取适量（如 50 mL）振荡均匀的水样（使残渣量大于 25 mg），置于称至恒重的蒸发皿中，在蒸汽浴或水浴上蒸干，移入 103～105 ℃的烘箱内烘至恒重（两次称重相差不超过 0.000 5 g）。蒸发皿所增加的质量即总残渣。

2.总可滤残渣

总可滤残渣指将过滤后的水样放在称至恒重的蒸发皿内蒸干，再在一定温度下烘至恒重，蒸发皿所增加的质量。测定时将用 0.45 μm 滤膜或中速定量滤纸过滤后的水样放在称至恒重的蒸发皿中，在蒸汽浴或水浴上蒸干，移入 103～105 ℃烘箱内烘至恒重（两次称重相差不超过 0.000 5 g）。蒸发皿所增加的质量即总可滤残渣。一般测定温度为 103～105 ℃，有时要求测定（180±2）℃烘干的总可滤残渣。在（180±2）℃烘干所得的结果与化学分析结果所计算的总矿物质含量较接近。

3.总不可滤残渣

总不可滤残渣，即悬浮物（suspended substance, SS），指水样经过滤后留在过滤器上的固体物质，于 103～105 ℃烘干至恒重得到的物质质量。它是决定工业废水和生活污水能否直接排放或须处理到何种程度才能排入水体的重要指标之一，主要包括不溶于水的泥沙、各种污染物、微生物及难溶无机物等。常用的滤器有滤纸、滤膜和石棉坩埚。由于滤孔大小对测定结果有很大影响，报告结果时，应注明测定方法。石棉坩埚法常用于测定含酸或碱浓度较高的水样的悬浮物。

（二）悬浮物（SS）的测定实验

1.实验内容和目的

（1）掌握水中悬浮物的测定方法。

（2）能够使用烘箱、滤膜、分析天平。

2.原理

废水悬浮物指留在滤料上并于 103～105 ℃下烘至恒重的固体。测定的方法是将水样通过滤料后，烘干固体残留物及滤料，将所称质量减去滤料质量，即悬浮物质量（总不可滤残渣）。

3.仪器

（1）烘箱。

（2）分析天平。

（3）干燥器。

（4）孔径为 0.45 pm 的滤膜及相应的滤器或中速定量滤纸。

（5）玻璃漏斗。

（6）内径为30～50 mm的称量瓶。

4.测定步骤

（1）将滤膜放在称量瓶中，打开瓶盖，在103～105 ℃烘干2 h，取出冷却后盖好瓶盖，称重，直至恒重（两次取值之差不超过0.000 5 g）。

（2）去除漂浮物后振荡水样，量取均匀水样（使悬浮物大于2.5 mg），通过（1）中称至恒重的滤膜过滤；用蒸馏水洗去残渣3～5次。如样品中含油脂，用10 mL石油醚分两次淋洗残渣。

（3）小心取下滤膜，放入原称量瓶内，在103～105 ℃烘箱中，打开瓶盖烘2 h，冷却后盖好盖称重，直至恒重为止。

四、浊度的测定

浊度是指水中悬浮物对光线透过时所发生的阻碍程度。由于水中含有泥土、粉砂、有机物、无机物、浮游生物和其他微生物等悬浮物质和胶体物质，对进入水中的光产生散射或吸附，从而表现出浑浊现象。

色度是由水中的溶解物质引起的，而浊度则是由不溶解物质引起的。浊度是水的感官指标之一，也是水体可能受到污染的标志之一。水体浊度高会影响水生生物的生存。

一般情况下，浊度的测定主要用于天然水、饮用水和部分工业用水。在污水处理中，经常通过测定浊度选择最经济有效的混凝剂，并达到随时调整所投加化学药剂的量，获得好的出水水质的目的。

测定浊度的方法主要有目视比浊法、分光光度法和浊度计法。

（一）目视比浊法

将水样与用硅藻土（或白陶土）配制的标准浊度溶液进行比较，以确定水样的浊度。规定用1 L蒸馏水中含有1 mg一定粒度的硅藻土所产生的浊度称为 1 度。

测定时使用硅藻土（或白陶土），经过处理后，配成浊度标准原液。将浊度标准原液逐级稀释为一系列浊度标准液，取待测水样进行目视比浊，与水样产生视觉效果相近的标准溶液的浊度即水样的浊度。该法测得的水样浊度单位为 JTU。

目视比浊法适用于饮用水和水源水等低浊度水，最低检测浊度为 1 度。

（二）分光光度法

在适当温度下，一定量的硫酸肼[（NH_4）$_2SO_4$•H_2SO_4]与六次甲基四胺[（CH_2）$_6N_4$]聚合，生成白色高分子聚合物，以此作为参比浊度标准液，在一定条件下与水样浊度比较。规定 1 L 溶液中含有 0.1 mg 硫酸肼和 1 mg 六次甲基四胺为 1 度。

测定时将用硫酸肼和六次甲基四胺配成的浊度标准储备液逐级稀释成系列浊度标准液，在波长 680 nm 处测定吸光度，绘制吸光度—浊度标准曲线，再测定水样的吸光度，在曲线上查得水样的浊度。水样若经过稀释，需乘上稀释倍数方为原水样的浊度。

（三）浊度计法

浊度计是利用光的散射原理制成的。在一定条件下，将水样的散射光强度与相同条件下的标准参比悬浮液（硫酸肼与六次甲基四胺聚合，生成的白色高分子聚合物）的散射光强度相比较，即得水样的浊度。浊度计要定期用标准浊度溶液进行校正。用浊度计法测得的浊度单位为 NTU。

五、电导率的测定

电导率用来表示水溶液传导电流的能力，用数字表示。电导率的大小取决于溶液中所含离子的种类、总浓度及溶液的温度、黏度等因素。

不同类型的水有不同的电导率。常用电导率间接推测水中离子成分的总浓度（因水溶液中绝大部分无机化合物都有良好的导电性，而有机化合物分子难以离解，基本不具备导电性）。

新鲜蒸馏水的电导率为0.5～2 ms/cm，但放置一段时间后，因吸收了二氧化碳，增加到2～4 ms/cm；超纯水的电导率小于0.1 ms/cm；天然水的电导率多为50～500 ms/cm；矿化水可达500～1 000 ms/cm；含酸、碱、盐的工业废水的电导率往往超过10 000 μs/cm；海水的电导率约为30 000 μs/cm。

电导率随温度的变化而变化，温度每升高1 ℃，电导率增加约2%，通常规定25 ℃为测定电导率的标准温度。如温度不是25 ℃，则必须进行温度校正。

一般采用电导率仪来测定水的电导率。它的基本原理是：已知标准KCl（氯化钾）溶液的电导率（见表4-1），用电导率仪测某一浓度KCl溶液的电导值，根据电导的计算公式求得电导池常数C。用电导率仪测待测水样的电导，即可求得水样的电导率。

表4-1　不同浓度KCl溶液的电导率

浓度（mol/L）	0.000 1	0.000 5	0.001 2	0.005	0.01	0.02	0.05	0.1	0.2	0.5	1
电导率（μ/cm）	14.9	73.9	146.9	717.5	1 412	2 765	6 667	12 890	24 800	58 670	111 900

第二节　水中元素的测定

一、汞的测定

汞及其化合物属于剧毒物质，特别是有机汞化合物，由食物链进入人体，通过生物富集，作用于人体，如发生在日本的水俣病。天然水含汞极少，一般不超过 0.1 mg/L。中国生活饮用水标准限值为 0.001 mg/L，工业污水中汞的最高允许排放浓度为 0.05 mg/L。氯碱工业、仪表制造、油漆、电池生产、军工等行业排放的废液、废渣都是水和土壤汞污染的来源。

汞的测定方法有很多种，下面主要介绍冷原子吸收法、冷原子荧光法和双硫腙分光光度法。

（一）冷原子吸收法

冷原子吸收法的原理是汞原子蒸气对波长 253.7 nm 的紫外光具有选择性吸收作用，在一定范围内，吸收值与汞蒸气的浓度成正比。在硫酸-硝酸介质和加热条件下，用高锰酸钾将试样消解，或用溴酸钾和溴化钾混合试剂，在 20 ℃以上室温和 0.6 mol/L 的酸性介质中产生溴，将试样消解，使所含汞全部转化为二价汞。用盐酸羟胺将过剩的氧化剂还原，再用氯化亚锡将二价汞还原成金属汞。在室温下通入空气或氮气流，将金属汞气化，载入冷原子吸收测汞仪，测量吸收值，求得试样中汞的含量。

测定时，用氯化汞配制一系列汞标准溶液，测吸光度作标准曲线进行定量，水样经预处理后按标准溶液的方法测吸光度，从而求出水样中汞的浓度。

冷原子吸收测汞仪主要由光源、吸收管、试样系统、光电检测系统、指示系统等主要部件组成。冷原子吸收法的最低检出浓度为 0.1～0.5 μg/L 汞；在最佳条件下（测汞仪灵敏度高，基线噪声小及空白试验值稳定），当试样体积为200 mL 时，最低检出浓度可达 0.05 μg/L 汞。此法适用于地面水、地下水、饮用水、生活污水及工业废水的监测。

（二）冷原子荧光法

冷原子荧光法是在原子吸收法的基础上发展起来的，是一种发射光谱法。水样中的汞离子被还原为单质汞，形成汞蒸气，其基态汞原子被波长为253.7 nm 的紫外光激发而产生共振荧光，在一定的测量条件和较低的浓度范围内，荧光强度与汞浓度成正比。根据测定荧光强度的大小，即可测出水样中汞的含量。这是冷原子荧光法的基础。检测荧光强度的检测器要放置在和汞灯发射光束成直角的位置上。

测定方法同冷原子吸收法。

冷原子荧光法的最低检出浓度为 0.05 μg/L 汞，测定上限可达 1 μg/L 以上，且干扰因素少，适用于地面水、生活污水和工业废水的测定。

（三）双硫腙分光光度法

双硫腙分光光度法测汞的原理是水样于 95 ℃温度条件下，在酸性介质中用高锰酸钾和过硫酸钾消解，将无机汞和有机汞转化为二价汞。用盐酸羟胺将过剩的氧化剂还原，在酸性条件下，汞离子与双硫腙生成橙色螯合物，用有机溶剂萃取，再用碱液洗去过剩的双硫腙，于 485 nm 波长处测定吸光度，以标准曲线法定量，从而测得水样中汞的含量。

双硫腙分光光度法适用于受污染的地面水、生活污水和工业废水的测定。取 250 mL 水样，汞的最低检出浓度为 2 μg/L，测定上限可达 40 μg/L。

二、镉的测定

镉不是人体必需的元素。镉的毒性非常大，可在人体的肝、肾、骨骼等部位蓄积，对人体健康造成影响，甚至危及生命，如世界著名的痛痛病事件。水中含镉 0.1 mg/L 时，可轻度抑制地面水的自净作用。用含镉 0.04 mg/L 的水进行农田灌溉时，土壤和稻米会受到明显污染；农田灌溉水中含镉 0.007 mg/L 时，即可造成污染。绝大多数淡水的含镉量低于 1 μg/L，海水中镉的平均浓度为 0.15 μg/L。镉的主要污染源有采矿、冶炼、染料、电池和化学工业等排放的废水。

测定镉的方法有电感耦合等离子发射光谱法、原子吸收分光光度法、双硫腙分光光度法等。

（一）电感耦合等离子发射光谱法

电感耦合等离子发射光谱法（inductively coupled plasma-atomic emission spectrometry, ICP-AES），是以电感耦合等离子矩为激发光源的一类光谱分析方法。由于具有检出限低、准确度及精密度高、分析速度快、线性范围宽等优点，目前已发展成为一种极为普遍、适用范围广的常规分析方法。可用于测定镉、砷、钡、铍、钙、钴、铬、铜、铁、钾、镁、钠、镍、铅、银、钛、锌、铝等数十种金属元素。

该方法的测定原理：等离子体发射光谱法可以同时测定样品中多元素的含量。当氧气通过等离子体火炬时，经射频发生器所产生的交变电磁场使其电离加速并与其他氩原子碰撞。这种连锁反应使更多的氩原子电离形成原子、离子、电子的粒子混合气体，即等离子体。等离子体火炬可达 6 000～8 000 K 的高温。过滤或消解处理过的样品经进样器中的雾化器被雾化并由氩载气带入等离子体火炬中，汽化的样品分子在等离子体火炬的高温下被原子化、电离、激发。不同元素的原子在激发或电离时可发射出特征光谱，所以等离子体发射光谱可用来定性测定样品中存在的元素。特征光谱的强弱与样品中原子浓度有关，与标准溶液进行比较，即可定量测定样品中各元素的含量。

（二）原子吸收分光光度法

原子吸收分光光度法也称原子吸收光谱法，简称原子吸收法。它是根据某元素的基态原子对该元素的特征谱线的选择性吸收来进行测定的分析方法。

对镉的测定有4种方式：直接吸入火焰原子吸收分光光度法、萃取火焰原子吸收分光光度法、离子交换火焰原子吸收分光光度法和石墨炉原子吸收分光光度法。

（1）直接吸入火焰原子吸收分光光度法。它是指将样品或消解处理好的试样直接吸入火焰，火焰中形成的原子蒸气对光源发射的特征电磁辐射产生吸收。将测得的样品吸光度和标准溶液的吸光度进行比较，确定样品中镉元素的含量。此法测定快速、干扰少，适用于测定地下水、地面水和受污染的水，适用浓度范围为0.05～1 mg/L。

（2）萃取火焰原子吸收分光光度法。它是指将镉离子与吡咯烷二硫代氨基甲酸铵或碘化钾络合后，萃入甲基异丁基甲酮，然后吸入火焰进行原子吸收分光光度法测定。此法适用于地下水和清洁地表水，适用浓度范围为 1～50 μg/L。

（3）离子交换火焰原子吸收分光光度法。它是指用强酸型阳离子树脂对水样中镉离子进行吸附，用酸作为洗脱液，从而得到金属离子浓缩液，然后吸入火焰进行原子吸收分光光度法测定。此法适用于较清洁地表水的监测。该方法的最低检出浓度为0.1 μg/L，测定上限为9.8 μg/L。

（4）石墨炉原子吸收分光光度法。它是将水样注入石墨管，用电加热方式使石墨炉升温，样品蒸发离解形成原子蒸气，对来自光源的特征电磁辐射进行吸收。将测得的样品吸光度和标准吸光度进行比较，确定水样中镉离子的含量。此法适用于地下水和清洁地表水，适用浓度范围为0.1～2 mg/L。

（三）双硫腙分光光度法

双硫腙分光光度法测镉的原理：在强碱性溶液中，镉离子与双硫腙生成红色络合物，用三氯甲烷萃取分离后，于 518 nm 波长处进行分光光度测定，求出水样中镉的含量。当使用光程为 20 mm 的比色皿，试样体积为 100 mL 时，镉的最低检出浓度为 0.001 mg/L，测定上限为 0.06 mg/L。适用于测定受镉污染的天然水和废水中的镉。

三、铬的测定

（一）铬的测定方法

铬是生物体必需的微量元素之一。铬的毒性与其价态关系密切。水中铬主要有三价和六价两种价态。三价铬能参与人体正常的糖代谢过程，六价铬却比三价铬的毒性高 100 倍左右，并且易被人体吸收而在体内蓄积，高浓度的铬会引发头痛、恶心、呕吐、腹泻、血便等症状，还有致癌作用。当水中三价铬浓度为 1 mg/L 时，水的浊度明显增加。当水中六价铬浓度为 1 mg/L 时，水呈淡黄色且有涩味。水中的三价铬和六价铬在一定条件下可以相互转化。天然水不含铬，海水中铬的平均浓度为 0.05 μg/L，饮用水中更低。铬的污染源主要是含铬矿石的加工、皮革鞣制、印染等行业排放的废水。

铬的测定方法有电感耦合等离子发射光谱法、原子吸收分光光度法、二苯碳酰二肼分光光度法、硫酸亚铁铵滴定法、极谱法、气相色谱法和化学发光法等。下面主要介绍二苯碳酰二肼分光光度法、硫酸亚铁铵滴定法。

1.二苯碳酰二肼分光光度法

（1）测定六价铬

二苯碳酰二肼分光光度法测定六价铬原理：在酸性介质中，六价铬与二苯碳酰二肼反应，生成紫红色络合物，于 540 nm 处测定吸光度，用标准曲线法定量，得水样中六价铬的含量。

当使用光程为 30 mm 的比色皿，试样体积为 50 mL 时，锌的最低检出浓度为 0.004 mg/L，使用光程为 10 mm 的比色皿，测定上限为 1 mg/L。其适用于地表水和工业废水中六价铬的测定。

（2）测定总铬

二苯碳酰二肼分光光度法测定总铬原理：由于三价铬不与二苯碳酰二肼反应，因此先用高锰酸钾将水样中的三价铬氧化，再用分光光度法测定总铬含量。

①酸性高锰酸钾氧化。在酸性溶液中，用高锰酸钾将水样中的三价铬氧化成六价铬，过量的高锰酸钾用亚硝酸钠分解，过剩的亚硝酸钠用尿素分解，得到的清液用二苯碳酰二肼显色，于 540 nm 处测定吸光度，用标准曲线法定量，得水样中总铬的含量。

②碱性高锰酸钾氧化。在碱性溶液中，用高锰酸钾将水样中的三价铬氧化成六价铬，过量的高锰酸钾用乙醇分解，加氧化镁使二价锰沉淀，过滤后，在一定酸度下，加二苯碳酰二肼显色，于 540 nm 处测定吸光度，用标准曲线法定量，得水样中总铬的含量。

2.硫酸亚铁铵滴定法

硫酸亚铁铵滴定法测定总铬原理：在酸性介质中，以银盐作为催化剂，将三价铬用过硫酸铵氧化成六价铬，加少量氯化钠并煮沸，除去过量的过硫酸铵和反应中产生的氯气，以苯基代替邻氨基苯甲酸作为指示剂，用硫酸亚铁铵标准溶液滴定，至溶液呈亮绿色。根据硫酸亚铁铵标准溶液的浓度和滴定空白的用量，计算出水样中总铬的含量。

（二）铬的测定实验——二苯碳酰二肼分光光度法

1.实验内容及目的

（1）掌握水中铬的测定方法。

（2）了解水样预处理的方法。

2.测定原理

在酸性溶液中，六价铬离子与二苯碳酰二肼反应，生成紫红色化合物，其最大吸收波长为540 nm，吸光度与浓度的关系符合比尔定律。如果测定总铬，需先用高锰酸钾将水样中的三价铬氧化为六价，再用本法测定。

3.仪器与试剂

实验所用仪器如下。

（1）分光光度计，比色皿（1 cm、3 cm）。

（2）50 mL 具塞比色管，移液管，容量瓶等。

实验所用试剂如下。

（1）丙酮。

（2）（1+1）硫酸。

（3）（1+1）磷酸。

（4）0.2%（m/V）氢氧化钠溶液。

（5）氢氧化锌共沉淀剂：称取硫酸锌（$ZnSO_4 \cdot 7H_2O$）8 g，溶于 100 mL 水中；称取 NaOH 2.4 g，溶于 120 mL 水中。将以上两溶液混合。

（6）4%高锰酸钾溶液。

（7）铬标准储备液：称取于 120 ℃下干燥 2 h 的重铬酸钾（优级纯）0.282 9 g，用水溶解，移入 1 000 mL 容量瓶中，用水稀释至标线，摇匀。每毫升储备液含 0.100 μg 六价铬。

（8）铬标准使用液：吸取 5.00 mL 铬标准储备液于 500 mL 容量瓶中，用水稀释至标线，摇匀。每毫升标准使用液含 1.00 μg 六价铬。使用当天配制。

（9）20%尿素溶液，2%亚硝酸钠溶液。

（10）二苯碳酰二肼溶液：称取二苯碳酰二肼 0.2 g，溶于 50 mL 丙酮中，加水稀释至 100 mL，摇匀，储于棕色瓶内，置于冰箱中保存。颜色变深后不能再用。

4.测定步骤

（1）水样预处理

①对不含悬浮物、低色度的清洁地面水，可直接进行测定。

②如果水样有色但不深，可进行色度校正。即另取一份试样，加入除显色剂以外的各种试剂，以 2 mL 丙酮代替显色剂，用此溶液为测定试样溶液吸光度的参比溶液。

③对浑浊、色度较深的水样，应加入氢氧化锌共沉淀剂并进行过滤处理。

④水样中存在次氯酸盐等氧化性物质时，干扰测定，可加入尿素和亚硝酸钠消除。

⑤水样中存在低价铁、亚硫酸盐、硫化物等还原性物质时，可将 Cr^{6+}还原为 Cr^{3+}。此时，调节水样 pH 值至 8，加入显色剂溶液，放置 5 min 后再酸化显色，并以同样的方法作标准曲线。

（2）标准曲线的绘制

取 9 支 50 mL 比色管，依次加入 0 mL、0.20 mL、0.50 mL、1.00 mL、2.00 mL、4.00 mL、6.00 mL、8.00 mL 和 10.00 mL 铬标准使用液，用水稀释至标线，加入（1＋1）硫酸 0.5 mL 和（1＋1）磷酸 0.5 mL，摇匀。加入 2 mL 显色剂溶液，摇匀。5～10 min 后，于 540 nm 波长处，用 1 cm 或 3 cm 比色皿，以水为参比，测定吸光度并作空白校正。以吸光度为纵坐标、相应六价铬含量为横坐标绘出标准曲线。

（3）水样的测定

取适量无色透明或经预处理的水样于 50 mL 比色管中，用水稀释至标线，测定方法同标准溶液。进行空白校正后根据所测吸光度从标准曲线上查得 Cr^{3+}含量。

5.注意事项

（1）用于测定铬的玻璃器皿不应用重铬酸钾洗液洗涤。

（2）Cr^{6+}与显色剂的显色反应一般控制酸度在 0.05～0.3 mol/L（$1/2H_2SO_4$）范围，以 0.2 mol/L 时显色最好。显色前，水样应调至中性。显色温度和放置时间对显色有影响，在 15 ℃时，5～15 min 颜色即可稳定。

（3）如测定清洁地面水样，显色剂可按以下方法配制：溶解 0.2 g 二苯碳酰二肼于 100 mL 95%的乙醇中，边搅拌边加入（1＋9）硫酸 400 mL。该溶液在冰箱中可存放一个月。用此显色剂，在显色时直接加入 2.5 mL 即可，不必再加酸。但加入显色剂后，要立即摇匀。

6.考核要求

（1）标准溶液的配置。

（2）分光光度计的使用。

（3）样品的预处理。

四、砷的测定

砷是人体非必需元素。单质砷的毒性很小，而砷化合物均有剧毒，三价砷化合物比其他砷化合物毒性更强。口服三氧化二砷（俗称砒霜）5～10 mg 可造成急性中毒，致死量为 60～200 mg。地面水中含砷量因水源和地理条件不同而有很大差异。天然水中通常含有一定量的砷，淡水中砷的浓度为 0.2～230 μg/L，海水中砷的浓度为 6～30 μg/L，中国一些主要河道干流中砷含量为 0.01～0.6 mg/L，长江水中含砷量一般小于 6 μg/L，松花江水系水中含砷量为 0.3～1.17 μg/L。砷的主要污染源为采矿、冶金、化工、化学制药、纺织、玻璃、制革等排放的废水。

砷的测定方法有电感耦合等离子发射光谱法（ICP-AES，原理同镉）、原子荧光法、新银盐分光光度法、二乙氨基二硫代甲酸银分光光度法和原子吸收法等。下面主要介绍原子荧光法、新银盐分光光度法、二乙氨基二硫代甲酸银分光光度法。

（一）原子荧光法

在消解处理水样后加入硫脲，把砷还原成三价。在酸性介质中加入硼氢化钾溶液，三价砷形成砷化氢气体，由载气（氩气）直接导入石英管原子化器中，进而在氩氢火焰中原子化。基态原子受特种空心阴极灯光源的激发，产生原子荧光，通过检测原子荧光的相对强度，利用荧光强度与溶液中的砷含量成正比的关系，计算样品溶液中砷的含量。

（二）新银盐分光光度法

新银盐分光光度法测砷的原理：硼氢化钾在酸性溶液中产生新生态氢，将水样中的无机砷还原成砷化氢气体，以硝酸-硝酸银-聚乙烯醇-乙醇溶液为吸收液，砷化氢将吸收液中的银离子还原成单质胶态银，使溶液呈黄色，颜色强度与生成氢化物的量成正比。黄色溶液在波长 400 nm 处有最大吸收，峰形对称。以空白吸收液为参比测其吸光度，用标准曲线法定量，得水样中砷的含量。

取最大水样体积 250 mL，此法的检出限为 0.000 4 mg/L，测定上限为 0.012 mg/L。该法适用于地表水和地下水中痕量砷的测定。

（三）二乙氨基二硫代甲酸银分光光度法

二乙氨基二硫代甲酸银分光光度法测砷的原理：锌与酸作用，生成新生态氢；在碘化钾和氯化亚锡的存在下，使五价砷还原为三价砷，并与新生态氢反应，生成的气态砷化氢用二乙氨基二硫代甲酸银-三乙醇胺的三氯甲烷溶液吸收，生成红色胶体银，在波长 510 nm 处，以三氯甲烷为参比测其吸光度，用标准曲线法定量，得水样中砷的含量。

取试样量为 50 mL，砷的最低检出浓度为 0.007 mg/L，测定上限浓度为 0.50 mg/L，适用于地表水和废水中砷的测定。

五、铅的测定

铅是一种有毒的金属，可在人体和动植物组织中蓄积。其主要的毒性效应表现为贫血、神经机能失调和肾损伤。用含铅 0.1～4.4 mg/L 的水灌溉水稻和小麦时，作物中含铅量明显增加。世界范围内，淡水中含铅 0.06～120 μg/L，中值 3 μg/L；海水中含铅 0.03～13 μg/L，中值 0.03 μg/L。铅的主要污染源是蓄电池、冶炼、五金、机械、涂料和电镀工业等部门排放的废水。

铅的测定方法有电感耦合等离子发射光谱法（ICP-AES）、原子吸收分光光度法、双硫腙分光光度法、阳极溶出伏安法和示波极谱法等。ICP-AES 法测定铅的原理同镉。下面主要介绍双硫腙分光光度法。

双硫腙分光光度法测铅的原理：在 pH 值为 8.5～9.5 的氨性柠檬酸盐-氰化物的还原性介质中，铅与双硫腙形成可被三氯甲烷或四氯化碳萃取的淡红色的双硫腙铅螯合物，在波长 510 nm 处用标准曲线法得出水样中的铅含量。

当使用光程 10 mm 比色皿，试样体积为 100 mL，用 10 mL 双硫腙三氯甲烷溶液萃取时，铅的最低检出浓度为 0.01 mg/L，测定上限为 0.3 mg/L，适用于测定地表水和废水中的痕量铅。

六、锌的测定

锌是人体必不可少的有益元素。碱性水中锌的浓度超过 5 mg/L 时，水有苦涩味，并出现乳白色。水中含锌 1 mg/L 时，对水体的生物氧化过程有轻微抑制作用，对水生生物有轻微毒性。锌的主要污染源是冶金、颜料生产及化工等行业排放的废水。

锌的测定方法有电感耦合等离子发射光谱法（ICP-AES，原理同镉）、原子吸收法、双硫腙分光光度法、阳极溶出伏安法和示波极谱法。原子吸收法测定锌具有较高的灵敏度，干扰少，适合测定各类水中的锌。不具备原子吸收光谱仪的单位，可选用双硫腙分光光度法、阳极溶出伏安法或示波极谱法。这里简单介绍双硫腙分光光度法。

双硫腙分光光度法测定锌的原理：在 pH 值为 4.0～5.5 的醋酸盐缓冲介质中，锌离子与双硫腙形成红色螯合物，用三氯甲烷或四氯化碳萃取，在最大吸收波长 535 nm 处测定吸光度，用标准曲线法定量，得水样中锌的含量。

当使用光程为10 mm比色皿，试样体积为100 mL时，锌的最低检出浓度为0.005 mg/L，测定上限为0.3 mg/L。适用于天然水和轻度污染的地面水中锌的测定。

七、铜的测定

铜是人体必不可少的元素，成人每日的需求量估计为20 mg，但过量摄入对人体有害。饮用水中铜的含量在很大程度上取决于水管和水龙头的种类，其含量可高至1 mg/L，这说明通过饮水摄入的铜量可能是不小的。铜对生物产生的毒性很大，毒性的大小与其形态有关。通常，淡水中铜的浓度约为3 μg/L，海水中铜的浓度约为0.25 μg/L。铜的主要污染源是冶炼、五金、石油化工和化学工业部门排放的废水。

铜的测定方法有电感耦合等离子发射光谱法（ICP-AES，原理同镉）、原子吸收法、二乙氨基二硫代甲酸钠萃取分光光度法、新亚铜灵萃取分光光度法、阳极溶出伏安法和示波极谱法。下面主要介绍二乙氨基二硫代甲酸钠萃取分光光度法和新亚铜灵萃取分光光度法。

（一）二乙氨基二硫代甲酸钠萃取分光光度法

二乙氨基二硫代甲酸钠萃取分光光度法的原理：在氨性溶液中（pH 值为9～10），铜与二乙氨基二硫代甲酸钠作用，生成物质的量的比为1∶2的黄棕色络合物，用四氯化碳或氯仿萃取后，在最大吸收波长440 nm处测定吸光度，用标准曲线法定量，得水样中铜的含量。

二乙氨基二硫代甲酸钠萃取分光光度法的测定范围为0.02～0.06 mg/L，最低检出浓度为0.01 mg/L，经适当稀释和浓缩，测定上限可达2.0 mg/L。该法适用于地面水和各种工业废水中铜的测定。

（二）新亚铜灵萃取分光光度法

新亚铜灵萃取分光光度法的原理：用盐酸羟胺将二价铜离子还原为亚铜离子，在中性或微酸性溶液中，亚铜离子和新亚铜灵反应生成物质的量的比为 1∶2 的黄色络合物，用三氯甲烷–甲醇混合溶剂萃取此络合物，在波长 457 nm 处测定吸光度，用标准曲线法定量，得水样中铜的含量。

新亚铜灵萃取分光光度法铜的最低检出浓度为 0.06 mg/L，测定上限为 3 mg/L。该法适用于测定地表水、生活污水和工业废水中的铜。

八、其他元素的测定

根据水和废水污染类型和对用水水质的要求不同，有时还需要监测其他元素。常见其他元素监测方法见表 4-2，详细内容可查阅《水和废水监测分析方法》和其他水质监测资料。

表 4-2 其他常见元素监测方法

元素	危害	测定方法	测定浓度范围
铁	具有低毒性，工业用水含量高时，产品上形成黄斑	原子吸收法 邻菲啰啉分光光度法 EDTA 滴定法	0.03～5.0 mg/L 0.03～5.00 mg/L 5～20 mg/L
锰	具有低毒性，工业用水含量高时，产品上形成斑痕	原子吸收法 高碘酸钾氧化分光光度法 甲醛分光光度法	0.01～3.0 mg/L 最低 0.05 mg/L 0.01～4.0 mg/L
钙	人体必需元素，但过高会引起肠胃不适，结垢	EDTA 滴定法 原子吸收法	2～100 mg/L 0.02～5.0 mg/L
镁	人体必需元素，过量有导泻和利尿作用，结垢	EDTA 滴定法 原子吸收法	2～100 mg/L 0.002～5.0 mg/L
镍	具有致癌性，对水生生物有明显危害，镍盐可引起过敏性皮炎	原子吸收法 丁二酮分光光度法 示波极谱法	0.01～8 mg/L 0.1～4 mg/L 最低 0.06 mg/L

第三节　非金属无机化合物的测定

一、溶解氧（DO）的测定

溶解在水中的分子态氧称为溶解氧。

水中溶解氧的含量与大气压力、水温及含盐量等因素有关。大气压力降低、水温升高、含盐量增加都会导致水中溶解氧含量降低。清洁地面水中溶解氧一般接近饱和。污染水体的有机、无机还原性物质在氧化过程中会消耗溶解氧，若大气中的氧来不及补充，水中的溶解氧含量就会逐渐降低，以致接近于零，此时厌氧菌繁殖，导致水质恶化。废水中因含有大量污染物质，一般溶解氧含量较低。

水中的溶解氧虽然不是污染物质，但通过测定溶解氧，可以大体估计水中的以有机物为主的还原性物质的含量。溶解氧是衡量水质优劣的重要指标。

测定溶解氧的方法主要有碘量法及其修正法、膜电极法和电导测定法。

（一）碘量法及其修正法

（1）碘量法测溶解氧的原理：水样中加入硫酸锰和碱性碘化钾，水中溶解氧将二价锰氧化成四价锰，并生成棕色氢氧化物沉淀。加酸后，氢氧化物沉淀溶解并与碘离子反应而释放出与溶解氧量相当的游离碘。以淀粉为指示剂，用硫代硫酸钠标准溶液滴定释放出碘，可计算出溶解氧含量。

（2）修正的碘量法。普通碘量法测定溶解氧时会受到水样中一些还原剂物质的干扰，必须对碘量法进行修正。修正的碘量法适用于受污染的地面水和工业废水中溶解氧的测定。

当水样中含有亚硝酸盐（亚硝酸盐能与碘化钾作用放出单质碘，引起测定结果的正误差）时，可加入叠氮化钠排除其干扰，该法称为叠氮化钠修正碘量法。加入叠氮化钠先将亚硝酸盐分解，再用碘量法测定。

当水样中含有大量亚铁离子时（会对测定结果产生负干扰），用高锰酸钾氧化亚铁离子，生成的高价铁离子用氟化钾掩蔽，从而去除，过量的高锰酸钾用草酸盐去除，该法称为高锰酸钾修正法。在酸性条件下，用高锰酸钾将水样中存在的亚硝酸盐、亚铁离子和有机污染物等干扰物质氧化去除，过量的高锰酸钾用草酸钾除去，用氟化钾掩蔽高价铁离子，再用碘量法测定 DO。

如水样有色或含有藻类及悬浮物等，在酸性条件下会消耗碘而干扰测定，可采用明矾絮凝修正法消除。如水样中含有活性污泥等悬浮物，可用硫酸铜-氨基磺酸絮凝修正法排除其干扰。

（二）膜电极法

尽管修正的碘量法在一定程度上排除或降低了 DO 测定时的干扰，但由于水中污染物的多样性及复杂性，在应用于生活污水和工业废水中 DO 的测定时，该方法还是受到了很多限制。用碘量法测 DO 时很难实现现场测定、在线监测。而膜电极法具有操作简便、快速和干扰少（不受水样色度、浊度及化学滴定法中干扰物质的影响）等优点，并可实现现场监测和在线监测，应用广泛。

膜电极法根据分子氧透过薄膜的扩散速率来测定水中溶解氧，膜电极的薄膜只能透过气体，透过膜的氧气在电极上还原，产生的还原电流与氧的浓度成正比，通过测定还原电流就可以得到水样中溶解氧的浓度。

（三）电导测定法

用非导电的金属铬或其他化合物与水中溶解氧反应生成能导电的铬离子。通过测定水样电导率的增量，求得溶解氧的浓度。实验表明：每增加 0.035 s/cm 的电导率相当于增加 1 mg/L 的溶解氧。此法是测定溶解氧最灵敏的方法之一，可连续监测。

二、含氮化合物的测定

（一）含氮化合物的测定方法

含氮化合物包括无机氮和有机氮。随着生活污水和工业废水中大量含氮化合物进入水体，氮的自然平衡遭到破坏，使水质恶化，是产生水体富营养化的主要原因。有机氮在微生物作用下，逐渐分解变成无机氮，以氨氮、亚硝酸盐氮、硝酸盐氮形式存在，因此测定水样中各种形态的含氮化合物，有助于评价水体被污染和自净情况。

1.氨氮

氨氮（NH_3-N）以游离氨（NH_3）或铵盐（NH_4^+）形式存在于水中，两者的组成比取决于水的pH值。当pH值偏高时，游离氨的比例较高；当pH值偏低时，铵盐的比例较高。

水中氨氮的来源主要为生活污水中含氮有机物受微生物作用的分解产物，某些工业废水，如焦化废水和合成氨化肥厂废水等，以及农田排水。

氨氮的测定方法有纳氏试剂分光光度法、滴定法、水杨酸-次氯酸盐分光光度法和电极法等。

（1）水样的预处理

水样带色或浑浊以及含其他一些干扰物质会影响氨氮的测定。为消除干扰，需对水样作适当预处理。

对较清洁的水，可采用絮凝沉淀法，对污染严重的水或工业废水，可采用蒸馏法。

①絮凝沉淀法。先在水样中加入适量硫酸锌溶液，再加入氢氧化钠溶液，生成氢氧化锌沉淀，经过滤即可除去颜色和浑浊等。也可在水样中加入氢氧化铝悬浮液，过滤除去颜色和浑浊。

②蒸馏法。调节水样的pH值至6.0～7.4，加入适量氧化镁使其显微碱性

（或加入 pH 值为 9.5 的 $Na_4B_4O_7$-NaOH 缓冲溶液使其呈弱碱性进行蒸馏），蒸馏释出的氨被吸收于硫酸或硼酸溶液中。纳氏法和滴定法用硼酸作为吸收液，水杨酸-次氯酸盐法用硫酸作为吸收液。

（2）纳氏试剂分光光度法

纳氏试剂分光光度法测氨氮的原理：在水样中加入碘化钾和碘化汞的强碱性溶液（纳氏试剂），与氨反应生成黄棕色胶态化合物，此颜色在较宽的波长范围内具有强烈的吸收作用。通常于 410～425 nm 波长处测吸光度，用标准曲线法定量，得出水样中氨氮含量。

纳氏试剂分光光度法测氨氮的最低检出浓度为 0.025 mg/L，测定上限为 2 mg/L。采用目视比色法，最低检出浓度为 0.02 mg/L。水样作适当的预处理后，可适用于地面水、地下水、工业废水和生活污水中氨氮的测定。

（3）滴定法

滴定法原理：取一定体积的水样，调节 pH 值在 6.0～7.4 范围，加入氧化镁使其呈微碱性。加热蒸馏，释出的氨被吸入硼酸溶液中，以甲基红-亚甲蓝为指示剂，用酸标准溶液滴定馏出液中的铵（溶液从绿色到紫色为滴定的终点），得出水样中氨氮的含量。

滴定法适合于测定铵离子浓度超过 5 mg/L 或严重污染的水体，或水样中伴随有影响使用比色法测定的有色物质。使用滴定法测定氨氮的水样，必须已进行蒸馏预处理。

（4）水杨酸-次氯酸盐分光光度法

水杨酸-次氯酸盐分光光度法测氨氮的原理：在亚硝基铁氰化钠作为催化剂存在的条件下，铵与水杨酸盐和次氯酸离子在碱性条件下反应生成蓝色化合物，其颜色的深浅与氨氮浓度成正比，在波长 697 nm 最大吸收处测吸光度，用标准曲线法定量，得出水样中氨氮的含量。

水杨酸-次氯酸盐分光光度法测氨氮的最低检出浓度为 0.01 mg/L，测定上限为 1 mg/L。此法适用于饮用水、生活污水和大部分工业废水中氨氮的测定。

（5）电极法

氨气敏电极是一复合电极，以 pH 玻璃电极为指示电极、银-氯化银电极为参比电极。此电极对置于盛有 0.1 mol/L 氯化铵内充液的塑料套管中，管端部紧贴指示电极，敏感膜处装有疏水半渗透膜，使内部电解液与外部试液隔开，半透膜与 pH 玻璃电极间有一层很薄的液膜。水样中加入强碱溶液将 pH 值提高到 11 以上，使铵盐转化为氨，生成的氨由于扩散作用而通过半透膜（水和其他离子则不能通过），使氯化铵电解质液膜层内 NH_4^+-NH_3 的反应向左移动，引起氢离子浓度改变，由 pH 玻璃电极测得其变化。在恒定的离子强度下，测得的电动势与水样中氨氮浓度的对数呈一定的线性关系。由此，可以测得的电位值确定样品中氨氮的含量。

电极法测定氨氮的最低检出浓度为 0.03 mg/L，测定上限为 1 400 mg/L，适用于饮用水、地表水、生活污水和工业废水中氨氮含量的测定。

2.亚硝酸盐氮

亚硝酸盐氮（NO_2^--N）指的是水体中含氮有机物进一步氧化，在变成硝酸盐过程中的中间产物。水中存在亚硝酸盐时表明有机物的分解过程还在继续进行，亚硝酸盐的含量如太高，即说明水中有机物的无机化过程进行的相当强烈，表示污染的危险性仍然存在。

亚硝酸盐氮的测定方法有 N-（1-萘基）-乙二胺分光光度法和离子色谱法。

（1）N-（1-萘基）-乙二胺分光光度法。N-（1-萘基）-乙二胺分光光度法测亚硝酸盐氮的原理：在磷酸介质中，pH 值＝（1.8±0.3）时，亚硝酸盐与对氨基苯磺酰胺反应，生成重氮盐，再与 N-（1-萘基）-乙二胺偶联生成红色染料，于 540 nm 波长处测定吸光度，用标准曲线法定量，求出水样中亚硝酸盐氮的含量。

N-（1-萘基）-乙二胺分光光度法测亚硝酸盐氮的最低检出浓度为 0.003 mg/L，测定上限为 0.20 mg/L。适用于饮用水、地表水、地下水、生活污水和工业废水中亚硝酸盐氮含量的测定。

（2）离子色谱法。离子色谱法测定亚硝酸盐氮的原理：利用离子交换的原理，连续对多种阴离子进行定性和定量分析。水样注入碳酸盐-碳酸氢盐溶液并流经系列的离子交换树脂，基于待测阴离子对低容量强碱性阴离子树脂的相对亲和力不同而分开。被分离的阴离子，在流经强酸性阳离子树脂时，被转换为高电导的酸型，碳酸盐-碳酸氢盐则转变为弱电导的碳酸。用电导检测器测量被转变为相应酸型的阴离子，与标准比较，根据保留时间定性，峰高或峰面积定量。

离子色谱法测定亚硝酸盐氮的下限为 0.1 mg/L。当进样量为 100 mL，用 10 ms 满刻度电导检测器时，F^-为 0.02 mg/L，Cl^-为 0.04 mg/L，NO^{2-}为 0.05 mg/L，Br^-为 0.15 mg/L，PO_4^{3-}为 0.20 mg/L，SO_4^{2-}为 0.10 mg/L。此法可以连续测定饮用水、地表水、地下水、雨水中的 F^-、Cl^-、NO^{2-}、Br^-、PO_4^{3-}、SO_4^{2-}浓度。

3.硝酸盐氮

水中的硝酸盐是在有氧环境下，各种形态的含氮化合物中最稳定的氮化合物，也是含氮有机物经无机化作用最终阶段的分解产物。亚硝酸盐可经氧化而生成硝酸盐，硝酸盐在无氧环境中，也可受微生物的作用而还原为亚硝酸盐。人摄取硝酸盐后，经肠道中微生物作用转变为亚硝酸盐而出现毒性作用。硝酸盐氮的主要来源为酸洗废水、某些生化处理设施的出水和农田排水。

硝酸盐氮的测定方法有酚二磺酸分光光度法、镉柱还原法、戴氏合金还原法、紫外分光光度法等。

（1）酚二磺酸分光光度法。酚二磺酸分光光度法测硝酸盐氮的原理：硝酸盐在无水情况下与酚二磺酸反应，生成硝基二磺酸酚，在碱性溶液中生成黄色硝基酚二磺酸三钾盐化合物，于 410 nm 波长处测定吸光度，标准曲线法定量，求出水样中硝酸盐氮含量。

酚二磺酸分光光度法测硝酸盐氮的最低检出浓度为 0.02 mg/L，测定上限为 2.0 mg/L。该法适用于测定饮用水、地下水和清洁地表水中硝酸盐氮的含量。

（2）镉柱还原法。镉柱还原法测定硝酸盐氮的原理：在一定条件下，水样通过镉还原柱（铜-镉、汞-镉、海绵状镉），使硝酸盐还原为亚硝酸盐，然后以重氮-偶联反应，用标准曲线定量，求出水样中亚硝酸盐氮的含量。硝酸盐氮含量即测得的总亚硝酸盐氮减去未还原水样中所含亚硝酸盐。

镉柱还原法测定硝酸盐氮的测定范围为 0.01～0.4 mg/L。适用于硝酸盐含量较低的饮用水、清洁地面水和地下水。

（3）戴氏合金还原法。戴氏合金还原法测定硝酸盐氮的原理：在碱性介质中，硝酸盐可被戴氏合金在加热情况下定量还原为氨，经蒸馏出后被硼酸溶液吸收，用纳氏分光光度法或酸滴定法测定。

戴氏合金还原法测定硝酸盐氮适用于硝酸盐氮含量大于 2 mg/L 的水样，可以测定带深色的严重污染的水及含大量有机物或无机盐的废水中亚硝酸氮的含量。

（4）紫外分光光度法。紫外分光光度法测定硝酸盐氮的原理：利用硝酸根离子在 220 nm 波长处的吸收而定量测定硝酸盐氮。溶解的有机物在 220 nm 处也会有吸收，而硝酸根离子在 275 mn 处没有吸收。因此，在 275 nm 处另作一次测量，以校正硝酸盐氮值。

紫外分光光度法测定硝酸盐氮的最低检出浓度为 0.08 mg/L，测定上限为 4 mg/L。该法适用于测定清洁地面水和未受明显污染的地下水中的硝酸盐氮。

（二）总氮的测定实验

1.主要内容和目的

大量生活污水、农田排水或含氮工业废水排入水体，使水中有机氮和各种无机氮化物含量增加，生物和微生物大量繁殖，消耗水中溶解氧，使水体质量恶化。湖泊、水库中含有超标的氮、磷类物质时，造成浮游植物繁殖旺盛，出现富营养化状态。因此，总氮是衡量水质的重要指标之一。

（1）掌握总氮的测定方法。

（2）掌握紫外分光光度计的分析方法。

2.原理

总氮测定方法通常采用过硫酸钾氧化，使有机氮和无机氮化合物转变为硝酸盐后，再以紫外法、偶氮比色法，以及离子色谱法或气相分子吸收法进行测定。水样采集后，用硫酸酸化到 pH 值<2，在 24 h 内进行测定。

3.干扰及消除

水样中含有六价铬离子及三价铁离子时，可加入5%盐酸羟胺溶液1～2 mL以消除其对测定的影响。

碘离子及溴离子对测定有干扰。测定 20 μg 硝酸盐氮时，碘离子含量相对于总氮含量的 0.2 倍时无干扰；溴离子含量相对于总氮含量的 3.4 倍时无干扰。

碳酸盐及碳酸氢盐对测定的影响，在加入一定量的盐酸后可消除。

硫酸盐及氯化物对测定无影响。

4.该方法的适用范围

该方法主要适用于湖泊、水库、江河水中总氮的测定。该方法检测下限为 0.05 mg/L，测定上限为 4 mg/L。

5.仪器

（1）紫外分光光度计。

（2）压力蒸汽消毒器或民用压力锅，压力为 kg/cm²，相应温度为 120～124 ℃。

（3）25 mL 具塞玻璃磨口比色管。

6.试剂

（1）无氨水：每升水中加入 0.1 mL 浓硫酸，蒸馏。收集馏出液于玻璃容器中或用新制的去离子水。

（2）20%氢氧化钠溶液：称取 20 g 氢氧化钠，溶于无氨水中，稀释至 100 mL。

（3）碱性过硫酸钾溶液：称取 40 g 过硫酸钾（$K_2S_2O_8$）、15 g 氢氧化钠，溶于无氨水中稀释至 1 000 mL。溶液存放在聚乙烯瓶内，可储存一周。

（4）（1+9）盐酸。

（5）硝酸钾标准溶液。

①标准储备液：称取 0.721 8 g 经 105～110 ℃烘干 4 h 的优级纯硝酸钾（KNO_3）溶于无氨水中，移至 1 000 mL 容量瓶中定容。此溶液每毫升含 100 μg 硝酸盐氮。加入 2 mL 二氯甲烷为保护剂，至少可稳定 6 个月。

②硝酸钾标准使用液：将储备液用无氨水稀释 10 倍而得。此溶液每毫升含 10 μg 硝酸盐氮。

7.校准曲线的绘制步骤

（1）分别吸取 0、0.50、1.00、2.00、3.00、5.00、7.00、8.00 mL 硝酸钾标准使用溶液于 25 mL 比色管中。用无氨水稀释至 10 mL 标线。

（2）加入 5 mL 碱性过硫酸钾溶液，塞紧磨口塞，用纱布及纱绳裹紧管塞，以防迸溅出来。

（3）将比色管置于压力蒸汽消毒器中，加热 0.5 h，放气使压力指针回零。然后升温，在 120～124 ℃开始计时（或将比色管置于民用压力锅中，加热至顶压阀吹气开始计时）。使比色管在过热水蒸气中加热 0.5 h。

（4）自然冷却，开阀放气，移去外盖，取出比色管并冷却至室温。

（5）加入（1＋9）盐酸 1 mL，用无氨水稀释至 25 mL 标线。

（6）在紫外分光光度计上，以无氨水作参比，用 10 mm 石英比色皿分别在 220 nm 及 275 nm 波长处测定吸光度。用校正的吸光度绘制校准曲线。

8.注意事项

（1）参考吸光度比值（$A_{275}/A_{220}\times100\%$）大于 20%时，应予以鉴别。

（2）玻璃具塞比色管的密合性应良好。使用压力蒸汽消毒器时，冷却后放气要缓慢；使用民用压力锅时，要充分冷却方可揭开锅盖，以免比色管塞蹦出。

（3）玻璃器皿可用 10%盐酸浸洗，用蒸馏水冲洗后再用无氨水冲洗。

（4）使用高压蒸汽消毒器时，应定期校核压力表；使用民用压力锅时，应检查橡胶密封圈，使其不致漏气而减压。

（5）测定悬浮物较多的水样时，在过硫酸钾氧化后可能出现沉淀。遇此情况，可吸取氧化后的上清液进行紫外分光光度法测定。

三、硫化物的测定

地下水，特别是温泉水中常含有硫化物，通常地表水中硫化物含量不高，受到污染时，水中的硫化物主要来自在厌氧条件下硫酸盐和含硫有机物的微生物还原和分解，生成硫化氢，产生臭味并使水呈黑色。生活污水中有机硫化物含量较高，某些工业废水（如石油炼制、人造纤维、制革、印染、焦化、造纸等）中也含有硫化物。

硫化氢为强烈的神经毒物，对黏膜有明显刺激作用，在水中达到一定浓度（200 mg/L）会致水生生物死亡，当空气中含有 0.2%硫化氢气体时，几分钟内就会致人死亡。硫化氢还会腐蚀金属，如被氧化为硫酸，则会腐蚀混凝土下水道。

测定硫化物的方法有对氨基二甲基苯胺分光光度法、碘量法、电位滴定法、离子色谱法、库仑滴定法、比浊法等。下面主要介绍对氨基二甲基苯胺分光光度法、碘量法和电位滴定法。

（一）水样的预处理

（1）乙酸锌沉淀-过滤法。当水样中只含有少量硫代硫酸盐、亚硫酸盐等干扰物质时，可将现场采集并已固定的水样，用中速定量滤纸或玻璃纤维滤膜进行过滤，然后按含量的高低选择适当方法，直接测定沉淀中的硫化物。

（2）酸化-吹气法。若水样中存在悬浮物或浑浊度高、色度深时，可将现场采集固定后的水样加入一定量的磷酸，使水样中的硫化锌转变为硫化氢气体，利用载气将硫化氢吹出，用乙酸锌溶液或 2%氢氧化钠溶液吸收，再进行测定。

（3）过滤-酸化-吹气分离法。若水样污染严重，不仅含有不溶性物质及影响测定的还原性物质，而且浊度和色度都高时，宜用此法。即将现场采集且固定的水样，用中速定量滤纸或玻璃纤维滤膜过滤后，按酸化吹气法进行预处理。

预处理操作是测定硫化物的一个关键性步骤，应注意既消除干扰物的影响，又不致造成硫化物的损失。即硫化物测定中样品预处理的目的是消除干扰和提高检测能力。

（二）对氨基二甲基苯胺分光光度法

对氨基二甲基苯胺分光光度法测定硫离子原理：在含高铁离子的酸性溶液中，硫离子与对氨基二甲基苯胺反应，生成蓝色亚甲蓝染料，颜色深度与水样中硫离子浓度成正比，于波长 665 nm 处测其吸光度，用标准曲线法定量，得出水样中硫化物的含量。

该法硫离子最低检出浓度为 0.02 mg/L，测定上限为 0.8 mg/L。当采用酸化-吹气预处理法时，可进一步降低检出浓度。酌情减少取样量，测定浓度可高达 4 mg/L。当水样中硫化物的含量小于 1 mg/L 时，采用对氨基二甲基苯胺分光光度法。此法适用于地表水和工业废水中硫化物的测定。

（三）碘量法

碘量法测定硫离子原理：水样中的硫化物与乙酸锌生成白色硫化锌沉淀，将其用酸溶解后，加入过量碘溶液，则碘与硫化物反应析出硫，用硫代硫酸钠标准溶液滴定剩余的碘，根据硫代硫酸钠标准溶液消耗量，间接计算得出硫化物的含量。

碘量法适用于硫化物含量大于 1 mg/L 的水和废水的测定。该法硫离子最低检出浓度为 0.02 mg/L，测定上限为 0.8 mg/L。

（四）电位滴定法

电位滴定法测定硫离子原理：用硝酸铅标准溶液滴定硫离子，生成硫化铅沉淀。以硫离子选择电极作为指示电极，双盐桥饱和甘汞电极作为参比电极，与被测水样组成原电池。用晶体管毫伏计或酸度计测量原电池电动势的变化，根据滴定终点电位突跃，求出硝酸铅标准溶液用量，即可计算出水样中硫离子的含量。

该方法不受色度、浊度的影响。但硫离子易被氧化，常加入抗氧缓冲溶液（sulfide antioxidant buffer, SAOB）予以保护。SAOB 溶液中含有水杨酸和抗坏血酸。水杨酸能与 Fe^{3+}、Fe^{2+}、Cu^{2+}、Cd^{2+}、Zn^{2+}、Cr^{3+}等多种金属离子反应生成稳定的络合物；抗坏血酸能还原 Ag^{+}、Hg^{2+}等，消除它们的干扰。

该方法适宜测定硫离子浓度范围为 10^{-1}～10^{-3}mol/L，最低检出浓度为 0.2 mg/L。

四、氰化物的测定

氰化物属于剧毒物，可分为简单氰化物、络合氰化物和有机氰。其中简单氰化物易溶于水，毒性大；络合氰化物在水体中受 pH 值、水温和光照等影响离解为毒性强的简单氰化物。地表水一般不含氰化物，氰化物主要来源是化工、采矿、有机玻璃制造等工业排放的废水。

氰化物的测定方法有硝酸银滴定法、异烟酸-吡唑啉酮分光光度法、异烟酸-巴比妥酸分光光度法。

（一）水样的预处理

向水样中加入酒石酸和硝酸锌，调节 pH 值为 4，加热蒸馏，简单氰化物和部分络合物以氰化氢形式被蒸馏出，用氢氧化钠溶液吸收待测。

向水样中加入磷酸和乙二胺四乙酸（ethylene diamine tetraacetic acid, EDTA），在 pH 值小于 2 的条件下加热蒸馏，可将全部简单氰化物和除钴氰化合物外的绝大部分配合氰化物以氰化氢形式蒸馏出来，用氢氧化钠溶液吸收待测。

（二）硝酸银滴定法

硝酸银滴定法测定氰化物的原理：水样经预处理后得到碱性馏出液（调节溶液的 pH 值至 11 以上），用硝酸银标准溶液滴定，氰离子与硝酸银作用形成可溶性的银氰络合离子$[Ag(CN)_2]^-$，过量的银离子与试银灵指示液反应，溶液由黄色变为橙红色，即达终点。

当水样中氰化物含量在 1 mg/L 以上时，可用硝酸银滴定法进行测定。检测上限为 100 mg/L。硝酸银滴定法适用于测定饮用水、地面水、生活污水和工业废水中的氰化物。

（三）异烟酸-吡唑啉酮分光光度法

异烟酸-吡唑啉酮分光光度法测定氰化物的原理：水样经预处理后得到的馏出液，调节溶液的 pH 值至中性，加入氯胺 T 溶液，水样中的氰化物与之反应生成氯化氰，生成的氯化氰再与加入的异烟酸作用，经水解后生成戊烯二醛，生成的戊烯二醛与吡唑啉酮缩合生成蓝色染料，其色度与氰化物的含量成正比，在 638 nm 波长处测其吸光度，用标准曲线法定量，得出水样中氰化物的含量。

异烟酸-吡唑啉酮分光光度法测定氰化物的最低检出浓度为 0.004 mg/L，测定上限为 0.25 mg/L。该法适用于测定饮用水、地面水、生活污水和工业废水中的氰化物。

（四）异烟酸-巴比妥酸分光光度法

异烟酸-巴比妥酸分光光度法测定氰化物的原理：水样经预处理后得到馏出液，调节溶液的 pH 值至中性，加入氯胺 T 溶液，水样中的氰化物与之反应生成氯化氰，生成的氯化氰再与加入的吡啶作用，经水解后生成戊烯二醛，生成的戊烯二醛与两个巴比妥酸分子缩合生成红紫色染料，其色度与氰化物的含量成正比，在 600 nm 波长处测其吸光度，用标准曲线法定量，得出水样中氰化物的含量。

异烟酸-巴比妥酸分光光度法测定氰化物的最低检测浓度为 0.001 mg/L，测定上限为 0.45 mg/L。该法适用于测定饮用水、地面水、生活污水和工业废水中的氰化物。

五、氟化物的测定

氟是维持人体健康必需的微量元素之一。中国饮用水中适宜的氟浓度为 0.05～1.0 mg/L。若饮用水中氟含量过低，人对氟摄入不足会引起龋齿；若摄入量过多，则会患氟牙症；若饮用水中含氟量高于 4 mg/L，则可导致氟骨病。

氟化物分布广泛，天然水中一般均含有氟。氟化物主要来源于有色冶金、钢铁和铝加工、焦炭、玻璃、陶瓷、电子、化肥农药厂的废水和含氟矿物废水。

水中氟化物的测定方法有氟离子选择电极法、氟试剂分光光度法、茜素磺酸锆目视比色法、硝酸钍滴定法。

（一）水样的预处理

水样的预处理通常采用预蒸馏的方法，主要有水蒸气蒸馏法和直接蒸馏法两种。

（1）水蒸气蒸馏法。水中氟化物在含高氯酸（或硫酸）的溶液中，通入水蒸气，以氟硅酸或氟化氢形式被蒸出。

（2）直接蒸馏法。在沸点较高的酸溶液中，氟化物以氟硅酸或氢氟酸形式被蒸出，使其与水中干扰物分离。

（二）氟离子选择电极法

氟离子选择电极是一种以氟化镧单晶片为敏感膜的传感器。当氟离子电极与含氟的试液接触时，与参比电极构成的电池的电动势随溶液中氟离子活度的变化而改变。用晶体管毫伏计或电位计测量上述原电池的电动势，并与用氟离子标准溶液测得的电动势相比较，即可求得水样中氟化物的浓度。

氟离子选择电极法测氟化物的最低检出浓度为 0.05 mg/L，测定上限为 1 900 mg/L。该法适用于测定地下水、地面水和工业废水中的氟化物。

（三）氟试剂分光光度法

氟试剂分光光度法测定氟化物的原理：氟离子在 pH 值为 4.1 的乙酸盐缓冲介质中，与氟试剂和硝酸镧反应，生成蓝色三元络合物，其颜色的强度与氟离子浓度成正比。在 620 nm 波长处测其吸光度，用标准曲线法定量，得出水样中氟化物的含量。

水样体积为 25 mL，使用光程为 30 mm 的比色皿，氟试剂分光光度法测定氟化物的最低检测浓度为 0.05 mg/L，测定上限为 1.80 mg/L。该法适用于测定地下水、地面水和工业废水中的氟化物。

（四）茜素磺酸锆目视比色法

茜素磺酸锆目视比色法测定氟化物的原理：在酸性溶液中，茜素磺酸钠与锆盐生成红色络合物，当水样中有氟离子存在时，能夺取该络合物中的锆离子，生成无色的氟化锆离子，释放出黄色的茜素磺酸钠。根据溶液由红色褪至黄色的色度不同，与标准色列比色。

茜素磺酸锆目视比色法测定氟化物的最低检测浓度为 0.05 mg/L，测定上限为 2.5 mg/L。该法适用于测定饮用水、地下水、地面水和工业废水中的氟化物。

（五）硝酸钍滴定法

硝酸钍滴定法测定氟化物的原理：在以氯乙酸为缓冲剂，pH 值为 3.2～3.5 的酸性介质中，以茜素磺酸钠和亚甲蓝作为指示剂，用硝酸钍标准溶液滴定氟离子，当溶液由翠绿色变为蓝灰色，即达反应终点。根据硝酸钍标准溶液的用量即可算出氟离子的浓度。

硝酸钍滴定法适于测定氟含量大于 50 mg/L 废水中的氟化物。

六、其他非金属无机污染物的测定

根据水体类型和对水质要求不同，还可能要求测定其他非金属无机物项目，如氯化物、碘化物、硫酸盐、二氧化硅、余磷、余氯等。对于这些项目的测定可参阅《水和废水监测分析方法》等及相关的水质监测标准、规范。

第四节　有机化合物的测定

一、化学需氧量（COD）的测定

（一）化学需氧量的测定方法

化学需氧量是指在一定条件下，用强氧化剂处理水样时所消耗氧化剂的量，以氧的 mg/L 来表示。化学需氧量反映了水中受还原性物质污染的程度。水中还原性物质包括有机物、亚硝酸盐、亚铁盐、硫化物等。水被有机物污染是很普遍的，因此化学需氧量是表征水样中有机物相对含量的指标之一。

水样的化学需氧量可受加入氧化剂的种类及浓度、反应溶液的酸度、反应温度和时间，以及催化剂的有无而获得不同的结果。因此，化学需氧量也是一个条件性指标，必须严格按操作步骤进行测定。根据所用氧化剂的不同，化学需氧量的测定方法分为重铬酸钾法和高锰酸钾法。这两种方法从建立至今已有100多年的历史。在20世纪50年代以前，环境污染尚不严重，多是用高锰酸钾法和生化需氧量来研究水体污染及其防治。20世纪60年代开始，环境污染日益严重，又因高锰酸钾的氧化率（仅50%左右）等因素的限制，重铬酸钾法应用的范围越来越广。

目前，中国的水环境质量标准把高锰酸钾法测得的COD值称为高锰酸盐指数，把重铬酸钾法测得的COD值称为化学需氧量。重铬酸钾法测COD值是国际上广泛认定的标准方法。COD值的测定方法有重铬酸钾法、氧化还原电位滴定法等。

1.重铬酸钾法

重铬酸钾法测定COD的原理：向水样中加入一定量的重铬酸钾溶液氧化水中还原性物质，在强酸性介质下以银盐作为催化剂沸腾回流后，以试亚铁灵为指示剂，用硫酸亚铁铵标准溶液回滴，根据硫酸亚铁铵标准溶液的用量计算水样的化学耗氧量。

重铬酸钾氧化性很强（氧化率可达90%），可将大部分有机物氧化，但吡啶不被氧化，芳香族有机物不易被氧化；挥发性直链脂肪族化合物、苯等存在于蒸气相，不能与氧化剂液体接触，氧化不明显。氯离子能被重铬酸钾氧化，并与硫酸银作用生成沉淀，影响测定结果，应在回流前加入适量硫酸汞去除。若氯离子含量过高则应先稀释水样。

COD值大于50 mg/L，用0.25 mol/L重铬酸钾氧化，用0.1 mol/L硫酸亚铁铵标准溶液回滴；COD值为0～50 mg/L，用0.025 mol/L重铬酸钾氧化，用0.01 mol/L硫酸亚铁铵标准溶液回滴。滴定终点颜色变化由黄色经蓝绿色至红褐色。重铬酸钾法测定COD适用于工业废水。

2.其他方法

（1）氧化还原电位滴定法。水样被自动输入检测水槽与硫酸溶液、硫酸银溶液及高锰酸钾溶液经自动计量后，被自动输送到氧化还原反应槽，温度调节器将水浴温度自动调节到沸点，反应30 min立即准确注入10 mL草酸标准溶液，终止氧化反应。过量的草酸以高锰酸钾溶液回滴，用电位差计测定指示电极和饱和甘汞电极之间的电位差，以确定反应终点，求出高锰酸钾标准溶液的消耗量，用反应终点指示器将其滴定耗去的容量转化为电信号，经运算回路变为 COD 值，由自动记录仪记录。

（2）恒电流库仑分析法。水样与 0.05 mol/L 高锰酸钾混合后在沸水浴中反应 30 min，在反应完成的溶液中加入 Fe^{3+}，将恒电流电解产生的 Fe^{2+}作为库仑滴定剂，与溶液中剩余的高锰酸钾反应，当反应达到终点时，电解停止。由电流与时间可知电解所消耗电量。根据法拉第定律，求出剩余的高锰酸钾的量，计算出高锰酸钾的实际用量，并换算为 COD 值而显示读数。

（3）闭管回流分光光度分析法。在酸性介质中，恒温闭管回流一段时间，使试样中还原性物质被重铬酸钾氧化，同时铬由六价还原至三价。试样中 COD 与三价铬离子的浓度成正比，在波长 600 nm 处测定试样吸光度，即可计算出水样的 COD 值。如分光光度计具有浓度直读功能，可直接从仪器上读出 COD 值。

（二）化学需氧量的测定实验

1.实验内容及目的

（1）掌握蒸馏冷凝回流装置的使用。

（2）掌握硫酸亚铁铵的标定。

（3）熟练使用滴定管。

2.原理

在强酸性溶液中，准确加入过量的重铬酸钾标准溶液，加热回流，将水样中还原性物质（主要是有机物）氧化，过量的重铬酸钾以试亚铁灵作指示剂，用硫酸亚铁铵标准溶液回滴，根据所消耗的重铬酸钾标准溶液量计算水样的化学需氧量。

3.仪器

（1）500 mL 全玻璃回流装置。

（2）加热装置（电炉）。

（3）25 mL 或 50 mL 酸式滴定管、锥形瓶、移液管、容量瓶等。

4.试剂

（1）重铬酸钾标准溶液；称取预先在 120 ℃烘干 2 h 的基准或优质纯重铬酸钾 12.258 g 溶于水中，移入 1 000 mL 容量瓶，稀释至标线，摇匀。

（2）试亚铁灵指示液：称取 1.485 g 邻菲啰啉、0.695 g 硫酸亚铁溶于水中，稀释至 100 mL，储于棕色瓶内。

（3）硫酸亚铁铵标准溶液：称取 39.5 g 硫酸亚铁铵溶于水中，边搅拌边缓慢加入 20 mL 浓硫酸，冷却后移入 1 000 mL 容量瓶中，加水稀释至标线，摇匀。临用前，用重铬酸钾标准溶液标定。

（4）硫酸-硫酸银溶液：于 500 mL 浓硫酸中加入 5 g 硫酸银。放置 1～2 d，不时摇动使其溶解。

（5）硫酸汞：结晶或粉末。

5.测定步骤

（1）取 20.00 mL 混合均匀的水样（或适量水样稀释至 20.00 mL）置于 250 mL 磨口的回流锥形瓶中，准确加入 10.00 mL 重铬酸钾标准溶液及数粒小玻璃珠或沸石，连接磨口回流冷凝管，从冷凝管上口慢慢地加入 30 mL 硫酸-硫酸银溶液，轻轻摇动锥形瓶使溶液混匀，加热回流 2 h（自开始沸腾时计时）。

对于化学需氧量高的废水样，可先取上述操作所需体积 1/10 的废水样和试剂于 15 mm×150 mm 硬质玻璃试管中，摇匀，加热后观察是否呈绿色。如溶液显绿色，再适当减少废水取样量，直至溶液不变绿色为止，从而确定废水样分析时应取用的体积。稀释时，所取废水样量不得少于 5 mL，如果化学需氧量很高，则废水样应多次稀释。废水中氯离子含量超过 30 mg/L 时，应先把 0.4 g 硫酸汞加入回流锥形瓶中，再加 20.00 mL 废水（或适量废水稀释至 20.00 mL），摇匀。

（2）冷却后，用 90 mL 水冲洗冷凝管壁，取下锥形瓶。溶液总体积不得小于 140 mL，否则因酸度太大，滴定终点不明显。

（3）溶液再度冷却后，加 3 滴试亚铁灵指示液，用硫酸亚铁铵标准溶液滴定，溶液的颜色由黄色经蓝绿色至红褐色即达终点，记录硫酸亚铁铵标准溶液的用量。

（4）测定水样的同时，取 20.00 mL 重蒸馏水，按同样操作步骤作空白试验。记录滴定空白时硫酸亚铁铵标准溶液的用量。

二、高锰酸盐指数的测定

高锰酸盐指数是指在一定条件下，以高锰酸钾为氧化剂氧化水样中的还原性物质所消耗的高锰酸钾的量，以氧的 mg/L 来表示。

高锰酸盐指数的测定原理：水样在碱性或酸性条件下，加入一定量高锰酸钾溶液，沸水中加热 30 min（以氧化水中的有机物），剩余的高锰酸钾溶液以过量草酸钠滴定，过量的草酸钠再用高锰酸钾溶液滴定，从而计算出高锰酸盐指数。

（1）国际标准化组织建议高锰酸盐指数仅限于测定地表水、饮用水和生活污水。

（2）高锰酸盐指数按介质不同，分为酸性高锰酸钾法和碱性高锰酸钾法。氯离子含量不超过 300 mg/L 时，采用酸性高锰酸钾法；超过 300 mg/L 时，采用碱性高锰酸钾法。

三、生化需氧量（BOD）的测定

（一）生化需氧量（BOD）的测定方法

生化需氧量是指在溶解氧充足的条件下，好氧微生物分解水中有机物的生物化学氧化过程中所消耗的溶解氧的量，以氧的 mg/L 表示。好氧微生物分解水中有机物的同时，也会因氧化硫化物、亚铁等还原性无机物质消耗溶解氧，但这部分溶解氧所占比例很小。

水体要发生生物化学过程必须具备的三个条件：①好氧微生物；②足够的溶解氧；③能被微生物利用的营养物质。

有机物在微生物作用下的好氧分解分为两个阶段。

第一阶段称为碳化阶段，主要是含碳有机物氧化为二氧化碳和水，完成碳化阶段在 20 ℃大约需 20 d。

第二阶段称为硝化阶段，主要是含氮有机化合物在硝化菌的作用下分解为亚硝酸盐和硝酸盐，完成硝化阶段在 20 ℃下大约需 100 d。

这两个阶段同时进行，但各有主次。微生物分解有机物是一个缓慢的过程。一般在碳化阶段开始 5～10 d 后，硝化阶段才开始。目前国内外广泛采用的参数是（20±1）℃培养 5 d 所消耗的溶解氧的量，即 BOD5。

BOD5 是反映水体被有机物污染程度的综合指标，也是研究污水的可生化降解性和生化处理效果，以及生化处理污水工艺设计和动力学研究中的重要参数。

1.稀释接种法（五日培养法）

稀释接种法测 BOD5 的原理：取两份水样，一份测其当时的溶解氧，另一份在（20±1）℃下培养 5 d 后，再测溶解氧，两者之差即 BOD5。对溶解氧含量高、有机物含量较低的地面水，即水样的 BOD5 未超过 7 mg/L，则不必进行稀释，可直接测定。

2.其他方法

目前测定 BOD 值常采用 BOD 测定仪，其具有操作简单、重现性好的特点，并可直接读取 BOD 值。

（1）检压库仑式 BOD 测定仪。在密闭系统中，微生物分解有机物所消耗的氧气量用电解产生的氧气补给，以电解所需的氧气量来求得氧的消耗量，仪器自动显示测定结果，记录生化需氧量曲线。

（2）测压法。在密闭系统中，微生物分解有机物消耗溶解氧会引起气压的变化，通过测定气压的变化，即可得出水样的 BOD 值。

（3）微生物电极法。用微生物电极求得微生物分解有机物消耗溶解氧量，仪器经标准 BOD 物质溶液校准后，可直接显示被测溶液的 BOD 值，并在 20 min 内完成一个水样的测定。

除上述测定方法外，还有活性污泥法、相关估算法等。

（二）生化需氧量（BOD）的测定实验

1.实验内容和目的

（1）熟练掌握氧化还原滴定过程中滴定管的使用。

（2）掌握溶解氧固定过程中药品的添加、移液管的使用。

（3）掌握对于各种不同水质下稀释水的配置。

2.原理

生化需氧量是指在有溶解氧的条件下，好氧微生物分解水中有机物的生物化学过程中消耗溶解氧的量。分别测定水样培养前的溶解氧含量和在（20±1）℃培养 5 d 后的溶解氧含量，二者之差即五日生化过程所消耗的 BOD5。

对于某些地面水及大多数工业废水、生活污水，因含较多的有机物，需要稀释后再培养测定，以降低其浓度，保证降解过程在有足够溶解氧的条件下进行。其具体水样稀释倍数可借助于高锰酸钾指数或化学需氧量（CODcr）推算。

对于不含或少含微生物的工业废水，在测定 BOD5 时应进行接种，以引入能分解废水中有机物的微生物。当废水中存在难以被一般生活污水中的微生物以正常速度降解的有机物或含有剧毒物质时，应接种经过驯化的微生物。

3.仪器

（1）恒温培养箱。

（2）5～20 L 细口玻璃瓶。

（3）1 000～2 000 mL 量筒。

（4）玻璃搅棒：棒长应比所用量筒高 20 cm。在棒的底端固定一个直径比量筒直径略小，并且带有几个小孔的硬橡胶板。

（5）溶解氧瓶：200～300 mL，带有磨口玻璃塞并具有供水封用的钟形口。

（6）虹吸管：供分取水样和添加稀释水用。

4.试剂

（1）磷酸盐缓冲溶液：将 8.5 g 磷酸二氢钾（KH_2PO_4）、21.75 g 磷酸氢二钾（K_2HPO_4）、33.4 g 磷酸氢二钠（$Na_2HPO_4 \cdot 7H_2O$）和 1.7 g 氯化铵（NH_4Cl）溶于水中，稀释至 1 000 mL。此溶液的 pH 值应为 7.2。

（2）硫酸镁溶液：将 22.5 g 硫酸镁（$MgSO_4 \cdot 7H_2O$）溶于水中，稀释至 1 000 mL。

（3）氯化钙溶液：将 27.5 g 无水氯化钙溶于水，稀释至 1 000 mL。

（4）氯化铁溶液：将 0.25 g 氯化铁（$FeCl_3 \cdot 6H_2O$）溶于水，稀释至 1 000 mL。

（5）盐酸溶液（0.5 mol/L）：将 40 mL（ρ=1.18 g/mL）盐酸溶于水，稀释至 100 mL。

（6）氢氧化钠溶液（0.5 mol/L）：将 20 g 氢氧化钠溶于水，稀释至 1 000 mL。

（7）亚硫酸钠溶液（0.025 mol/L）：将 1.575 g 亚硫酸钠溶于水中，稀释至 1 000 mL。此溶液不稳定，需每天配制。

（8）葡萄糖-谷氨酸标准溶液：将葡萄糖（$C_6H_{12}O_6$）和谷氨酸（$C_5H_9NO_4$）在 103 ℃下干燥 1 h 后，各称取 150 mg 溶于水中，移入 1 000 mL 容量瓶内并稀释至标线，混合均匀。此标准溶液临用前配制。

（9）稀释水：在 5～20 L 玻璃瓶内装入一定量的水，水温控制在 20 ℃左右。然后用无油空气压缩机或薄膜泵，将此水曝气 2～8 h，使水中的溶解氧接近于饱和，也可以鼓入适量纯氧。瓶口盖两层经洗涤晾干的纱布，置于 20 ℃培养箱中放置数小时，使水中溶解氧含量达 8 mg/L 左右。临用前于每升水中加入氯化钙溶液、氯化铁溶液、硫酸镁溶液、磷酸盐缓冲溶液各 1 mL，并混合均匀。稀释水的 pH 值应为 7.2，其 BOD5 应小于 0.2 mg/L。

（10）接种液：可选用以下任一方法，以获得合适的接种液。

①城市污水：一般采用生活污水，在室温下放置一昼夜，取上层清液供使用。

②表层土壤浸出液：取 100 g 花园土壤或植物生长土壤，加入 1 L 水，混合并静置 10 min，取上层清液供使用。

③用含城市污水的河水或湖水。

④污水处理厂的出水。

当分析含有难以降解物质的废水时，在排污口下游 3～8 km 处取水样作为废水的驯化接种液。如无此种水源，可取中和或经适当稀释后的废水进行连续曝气，每天加入少量该种废水，同时加入适量表层土壤或生活污水，使能适应该种废水的微生物大量繁殖。当水中出现大量絮状物，或检查其化学需氧量的降低值出现突变时，表明适用的微生物已进行繁殖，可用作接种液。一般驯化过程需要 3～8 d。

（11）接种稀释水：取适量接种液，加入稀释水中，混匀。每升稀释水中接种液加入量如下：生活污水为 1～10 mL，表层土壤浸出液为 20～30 mL，河水、湖水为 10～100 mL。

接种稀释水的 pH 值应为 7.2，BOD5 以 0.3～1.0 mg/L 为宜。接种稀释水配制后应立即使用。

5.测定步骤

（1）水样的预处理

水样的 pH 值若不在 6.5～7.5 内，可用盐酸或氢氧化钠稀溶液调节至 7 左右，但用量不要超过水样体积的 0.5%。若水样的酸度或碱度很高，可改用高浓度的碱或酸液进行中和。

水样中含有铜、铅、锌、镉、铬、砷、氰等有毒物质时，可使用经驯化的微生物接种液的稀释水进行稀释，或增大稀释倍数，以减小毒物的浓度。

含有少量游离氯的水样，一般放置 1～2 h，游离氯即可消失。对于游离氯在短时间不能消散的水样，可加入亚硫酸钠溶液，以除去游离氯。其加入量的计算方法是：取中和好的水样 100 mL，加入（1＋1）乙酸 10 mL，10% 碘化钾溶液 1 mL，混匀。以淀粉溶液为指示剂，用亚硫酸钠标准溶液滴定游离碘。根据亚硫酸钠标准溶液消耗的体积及其浓度，计算水样中所需加亚硫酸钠溶液的量。

从水温较低的水域中采集的水样，可遇到含有过饱和溶解氧，此时应将水样迅速升温至 20 ℃左右，充分振摇，以赶出过饱和的溶解氧。从水温较高的水域或废水排放口取得的水样，应迅速使其冷却至 20 ℃左右，并充分振摇，使其与空气中氧分压接近平衡。

（2）水样的测定

不经稀释水样的测定。溶解氧含量较高、有机物含量较低的地面水，可不经稀释，而直接以虹吸法将约 20 ℃的混匀水样转移至两个溶解氧瓶内，转移过程中应注意不使其产生气泡。以同样的操作使两个溶解氧瓶充满水样，加塞水封。立即测定其中一瓶溶解氧。将另一瓶放入培养箱中，在（20±1）℃下培养 5 d 后，测其溶解氧。

需经稀释水样的测定。稀释倍数的确定：地面水可由测得的高锰酸盐指数乘以适当的系数求出稀释倍数（见表 4-3）。

表 4-3　稀释倍数

高锰酸盐指数（mg/L）	系数	高锰酸盐指数（mg/L）	系数
<5	-	10～20	0.4、0.6
5-10	0.2、0.3	>20	0.5、0.7、1.0

工业废水可由重铬酸钾法测得的 COD 值确定。通常需作三个稀释比，即使用稀释水时，由 COD 值分别乘以系数 0.075、0.15、0.225，即获得三个稀释倍数；使用接种稀释水时，则分别乘以 0.075、0.15 和 0.25，获得三个稀释倍数。稀释倍数确定后按下列方法之一测定水样。

①一般稀释法：按照选定的稀释比例，用虹吸法沿筒壁先引入部分稀释水（或接种稀释水）于 1 000 mL 量筒中，加入需要量的均匀水样；再引入稀释水（或接种稀释水）至 800 mL，用带胶板的玻璃棒小心上下搅匀。搅拌时勿使搅棒的胶板露出水面，防止产生气泡。按不经稀释水样的测定步骤，进行装瓶，测定当天溶解氧和培养 5 d 后的溶解氧含量。另取两个溶解氧瓶，用虹吸法装满稀释水（或接种稀释水）作为空白，分别测定 5 d 前后的溶解氧含量。

②直接稀释法：直接稀释法是指在溶解氧瓶内直接稀释。在已知两个容积相同（其差小于 1 mL）的溶解氧瓶内，用虹吸法加入部分稀释水（或接种稀释水），再加入根据瓶容积和稀释比例计算出的水样量，然后引入稀释水（或接种稀释水）至刚好充满，加塞，勿留气泡于瓶内。其余操作与上述一般稀释法相同。

在 BOD5 测定中，一般采用叠氮化钠改良法测定溶解氧。如遇干扰物质，则应根据具体情况采用其他测定法。

6.注意事项

（1）测定一般水样的 BOD5 时，硝化作用很不明显或根本不发生。但对于生物处理池出水，则含有大量硝化细菌。因此，在测定 BOD5 时也包括了部分含氮化合物的需氧量。对于这种水样，如只需测定有机物的需氧量，则应加入硝化抑制剂，如烯丙基硫脲（$C_4H_8N_2S$）等。

（2）在两个或三个稀释比的样品中，凡消耗溶解氧大于 2 mg/L 和剩余溶解氧大于 1 mg/L 都有效，计算结果时，应取平均值。

（3）为检查稀释水和接种液的质量，以及化验人员的操作技术，可将 20 mL 葡萄糖-谷氨酸标准溶液用接种稀释水稀释至 1 000 mL，测其 BOD5，其结果应为 180～230 mg/L。否则，应检查接种液、稀释水或操作技术是否存在问题。

7.考核要求

（1）各种实验操作过程。

（2）实验的原理和方法。

四、总有机碳（TOC）的测定

总有机碳（total organic carbon, TOC）是以碳的含量表示水体中有机物质总量的综合指标。由于 TOC 的测定采用燃烧法，因此能将有机物全部氧化，它比 BOD5 或 COD 更能直接表示有机物的总量。因此，TOC 常被用来评价水体中有机物污染的程度。

近年来，国内外已研制成各种 TOC 分析仪。按工作原理不同，可分为燃烧氧化-非分散红外吸收法、电导法、气相色谱法、湿法氧化-非分散红外吸收法等。目前广泛采用燃烧氧化-非分散红外吸收法。

燃烧氧化-非分散红外吸收法测定 TOC 的原理是将一定量水样注入高温炉内的石英管，在 900～950 ℃温度下，以铂和三氧化二铬为催化剂，使有机物燃烧裂解转化为 CO_2，然后用红外线气体分析仪测定 CO_2 含量，从而确定水样中碳的含量。因为在高温下，水样中的碳酸盐也分解产生 CO_2，故上面测得的为水样中的总碳（TC）。

为测得有机碳含量，可采用以下两种方法。

（1）直接测定法。将水样预先酸化，通入氮气曝气，驱除各种碳酸盐分解生成二氧化碳后注入仪器测定。但由于在曝气过程中会造成水样中挥发性有机物质的损失而产生测定误差，所以所测结果只是不可吹出的有机碳含量。

（2）间接测定法。使用高温炉和低温炉皆有的 TOC 测定仪。将同样等量的水样分别注入高温炉（900 ℃）和低温炉（150 ℃）中。高温炉水样中的有机碳和无机碳均转化为 CO_2，而低温炉的石英管中装有磷酸浸泡的玻璃棉，能使无机碳酸盐在 150 ℃分解为 CO_2，有机物却不能被分解氧化。将高、低温炉中生成的 CO_2 依次导入非色散红外气体分析仪。由于一定波长的红外线被 CO_2 选择吸收，在一定浓度范围内 CO_2 对红外线吸收的强度与 CO_2 的浓度成正比，所以可对水样总碳（total carbon, TC）和无机碳（inorganic carbon, IC）进行定量测定。总碳（TC）和无机碳（IC）的差值，即总有机碳（TOC）。TOC 分析仪测定流程如图 4-1 所示。

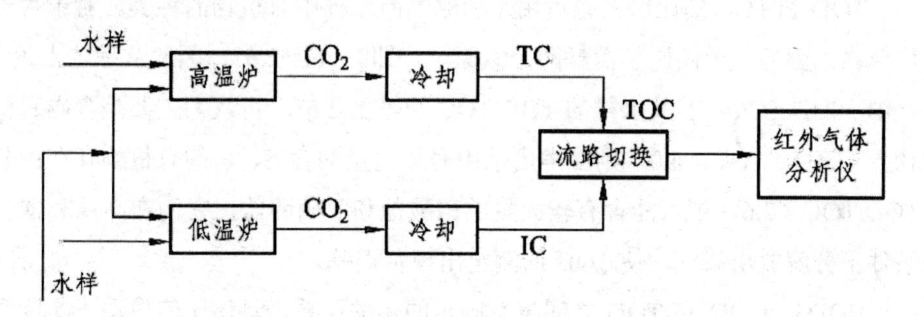

图 4-1　TOC 分析仪测定流程

此方法的检测限为 0.5 mg/L，测定上限浓度为 400 mg/L。若变换仪器灵敏度档次，可继续测定大于 400 mg/L 的高浓度样品。

五、总需氧量（TOD）的测定

总需氧量（total oxygen demand, TOD）是指水中能被氧化的物质，主要是有机物质在燃烧中变成稳定的氧化物时所需要的氧量，以氧的 mg/L 来表示。它是衡量水体中有机物的污染程度的一项指标。

总需氧量常用 TOD 测定仪来测定。TOD 测定原理是将一定量水样注入装有铂催化剂的石英燃烧管中，通入含已知氧浓度的载气（氮气）作为原料气，水样中的还原性物质在 900 ℃下被瞬间燃烧氧化。测定燃烧前后原料气中氧浓度的减少量，即可求出水样的总需氧量。TOD 值能反映几乎全部有机物质经燃烧后变成 CO_2、H_2O、NO、SO_2 等所需要的氧量，它比 BOD5、COD 和高锰酸盐指数更接近于理论需氧量值。

TOD 和 TOC 的比例关系可用来粗略判断水样中有机物的种类。对于含碳化合物，因为一个碳原子消耗两个氧原子，即 $O_2/C=2.67$，因此从理论上说，TOD＝2.67 TOC。若某水样的 TOD/TOC 约等于 2.67，可认为主要是含碳有机物；若 TOD/TOC＞4.0，则应考虑水中有较大量的含 S、P 的有机物存在；若 TOD/TOC＜2.6，则可能含有较大量的硝酸盐和亚硝酸盐，它们在高温和催化条件下分解放出氧气，使 TOD 的测定出现负误差。

BOD5、COD 和 TOD 之间没有固定的相关关系，具体比值取决于实际废水水质。

六、挥发酚类的测定

酚类为原生质毒，属高毒物质。人体摄入一定量时，可出现急性中毒症状，长期饮用被酚污染的水，可出现头昏、出疹、瘙痒、贫血及各种神经系统症状。水中含低浓度（0.1～0.2 mg/L）酚类时，鱼肉有异味；含高浓度（高于 5 mg/L）

酚类时，鱼类会中毒死亡。用含酚浓度高的废水灌溉农田，会使农作物减产或枯死。

常根据酚的沸点、挥发性不同和能否与水蒸气一起蒸出，将酚分为挥发酚和不挥发酚。通常认为沸点在 230 ℃以下的为挥发酚，一般为一元酚；沸点在 230 ℃以上的为不挥发酚。酚的主要污染源有煤气洗涤、炼焦、合成氨、造纸、木材防腐和化工行业排出的工业废水。中国规定的各种水质指标中，酚类指标指的是挥发性酚，测定的结果均以苯酚（C_6H_5OH）表示。

测定水中酚的方法很多，较经典的方法有容量法、分光光度法和气相色谱法；近年发展起来的方法还有酚氧化酶生物传感器法、示波极谱法、荧光光谱法、原子吸收光谱法等。但常用的方法只有溴化容量法、4-氨基安替比林比色法，这也是中国规定的标准检验方法。

（一）水样预处理

（1）蒸馏法。取 250 mL 水样于 500 mL 全玻璃蒸馏器中，用磷酸调至 pH 值<4，以甲基橙作为指示剂，使水样由橘黄色变成橙红色，加入 5% $CuSO_4$ 溶液 5 mL（采样时已加可略去此操作），加热蒸馏，用内装 10 mL 蒸馏水的 250 mL 容量瓶收集（冷凝管插入液面以下），待蒸馏出 200 mL 左右时，停止加热，稍冷后再向蒸馏瓶中加入蒸馏水 50 mL，继续蒸馏，直至收集 250 mL 为止。

水样预蒸馏的目的是分离出挥发酚和消除颜色、浑浊和金属离子的干扰。当水样中存在氧化剂、还原剂和油类等干扰物时，应在蒸馏前去除。

（2）吸附树脂富集法。吸附树脂富集法是近十几年来发展起来的用于测酚水样分离富集酚的一种新方法，它具有吸附容量大、吸附-解吸的可逆性好及富集倍率高的特点。该法富集倍率达到 100 倍，配合分光光度法检测，检测限可达到 0.002 mg/L。

（二）溴化容量法

溴化容量法测酚的原理是取一定量的水样，加入过量溴化剂（$KBrO_3$ 和 KBr），剩余的溴与加入的碘化钾溶液反应生成碘，以淀粉为指示剂，用标准 $Na_2S_2O_3$ 溶液滴定生成的碘，同时做空白。根据标准 $Na_2S_2O_3$ 溶液消耗的体积计算出以苯酚计的挥发酚含量。

溴化容量法测酚适用于含酚浓度高的各种污水，尤其适用于车间排污口或未经处理的总排污口废水。

（三）4-氨基安替比林比色法

4-氨基安替比林比色法测酚的原理是酚类化合物在 pH 值＜（10±0.2）和铁氰化钾存在的条件下，与 4-氨基安替比林反应，生成橙红色的吲哚安替比林染料，于波长 510 nm 处测定吸光度（若用氯仿萃取此染料，有色溶液可稳定 3 h，可于波长 460 nm 处测定吸光度），求出水样中挥发酚的含量。

4-氨基安替比林比色法测酚的最低检出浓度（用 20 nm 的比色皿时）为 0.1 mg/L，萃取后，用 30 nm 比色皿时，最低检出浓度为 0.002 mg/L，测定上限为 0.12 mg/L。该法适用于各类污水中酚含量的测定。

七、石油类的测定

石油类漂浮于水体表面，直接影响空气与水体界面之间的氧交换，分散于水体中的油常被微生物氧化分解，而消耗水中的溶解氧，使水质恶化。另外，矿物油中还含有毒性大的芳酚类。矿物油的主要污染源有工业废水和生活污水，工业废水的石油类（各种烃的混合物）污染物主要来自原油的开采、加工运输、使用等。

石油类的测量方法有称量法、非色散红外法、紫外分光光度法等。

（一）称量法

称量法测定石油类的原理是取一定量的水样，加硫酸酸化，用石油醚萃取矿物油，然后蒸发除去石油醚，称量残渣质量，计算出矿物油的含量。

称量法测石油类适用于含 10 mg/L 以上的石油类水样，不受油种类的限制。

（二）非色散红外法

非色散红外法测石油类的原理：非色散红外法属于红外吸收法。利用石油类物质的甲基（$-CH_3$）、亚甲基（$-CH_2$）在近红外（3.4 μm）有特征吸收，作为测定水样中油含量的基础。标准油采用受污染地点水中石油醚萃取物。根据原油组分特点，也可采用混合石油烃作为标准油，其组分为：十六烷：异辛烷苯＝25：10（体积）。测定时先用硫酸将水样酸化，加氯化钠破乳化，再用三氯三氟乙烷萃取，萃取液经过无水硫酸钠过滤、定容，注入红外油分析直接读取油含量。

非色散红外法适用于测定 0.1～200 mg/L 的含油水样。

（三）紫外分光光度法

紫外分光光度法测石油类的原理：石油及产品在紫外光区有特征吸收。带有苯环的芳香族化合物的主要吸收波长为 250～260 nm；带有共轴双键的化合物主要吸收波长为 215～230 nm；一般原油的两个吸收波长为 225 nm；原油与重质油可选 254 nm，轻质油及炼油厂的油品可选择 225 nm。水样用硫酸酸化，加氯化钠破乳化，然后用石油醚萃取物，用紫外分光光度法定量。紫外分光光度法的适用范围为含 0.05～50 mg/L 石油类的水样。

八、阴离子洗涤剂的测定

阴离子洗涤剂主要指直链烷基苯磺酸钠和烷基磺酸钠类物质。洗涤剂的污染会造成水面产生不易消失的泡沫，并消耗水中的溶解氧。

水中阴离子洗涤剂的测定方法，常用的是亚甲蓝分光光度法。

亚甲蓝分光光度法的原理：阴离子染料亚甲蓝与阴离子表面活性剂（包括直链烷基苯磺酸钠、烷基磺酸钠和脂肪醇硫酸钠）作用，生成蓝色的离子对化合物，这类能与亚甲蓝作用的物质统称亚甲蓝活性物质（methylene blue active substances, MBAS）。生成的显色物可被三氯甲烷萃取，其色度与浓度成正比，并可用分光光度计在波长 652 nm 处测量三氯甲烷层的吸光度。

亚甲蓝分光光度法适用于测定饮用水、地面水、生活污水及工业废水中溶解态的低浓度亚甲蓝活性物质，亦即阴离子表面活性物质。在实验条件下，主要被测物是直链烷基苯磺酸钠（Linear sodium alkyl benzene sulfonate, LAS）、烷基磺酸钠和脂肪醇硫酸钠。但亦可由于含有能与亚甲蓝起显色反应并被三氯甲烷萃取的物质而产生一定的干扰。当采用 10 mm 比色皿、试样为 100 mL 时，本法的最低检出浓度为 0.050 mg/L LAS，检测上限为 2.0 mg/L LAS。

第五章　水环境水生态监测

第一节　水环境生物监测概况

一、水环境生物监测基础

（一）生物监测的定义

生物监测是一个广泛使用的词汇，不同的领域、不同的行业有不同的含义和应用，例如，除环境生物监测外，还有劳动卫生人体生物监测、口岸及医学病媒生物监测、林业有害生物监测、灭菌器生物监测等。即使是环境生物监测，不同的国家、不同的学者也有不同的定义，以下是一些教科书上的定义：

定义 1：利用生物的组分、个体、种群或群落对环境污染或环境变化所产生的反应，从生物学的角度，为环境质量的监测和评价提供依据，称为生物监测。

定义 2：生物监测是系统地利用生物反应来评价环境的变化，将其信息应用于环境质量控制程序中的一门科学。

美国国家环境保护局（Environmental Protection Agency, EPA）对生物监测有如下定义：

定义 1：利用生物测试污水对受纳水体的排放是否可以接受并对排放点下游的水体质量进行生物学质量的测试。

定义 2：生物监测利用生物实体作为探测器，通过其对环境的响应来判定环境的状况，毒性试验及环境生物监视是常用的生物监测方法。

定义 3：人体中化学品暴露水平的血液、尿液、组织等生物材料的分析测试。

根据我国环境监测系统生物监测的实际情况，从实用的角度对生物监测进行如下定义：生物监测是以生物为对象（例如水体中细菌总数、底栖动物等）或手段（例如用聚合酶链式反应技术测藻毒素、用生物发光技术测二噁英等）进行的环境监测。

（二）作为保护对象和作为污染因素的生物

生物作为环境监测的对象时，可以有双重身份，它可以是环境保护的对象，即人体健康和生态系统中生物多样性及生物完整性的保护对象；同时，它也可以是环境管理控制的污染及外来干扰因素。

生物作为保护对象时，环境生物监测就是要搞清环境中生物对各种环境胁迫的响应是怎样的，这是环境生物监测的核心内容。

生物作为污染或干扰因素时，环境生物监测就是要搞清它们的强度和环境负面影响，主要有以下几种类型：

（1）对病原体及其指示生物的监测，属原生性生物污染监测。

（2）对外来生物的监测，属原生性生物污染监测。

（3）对富营养化生物（藻类等）的监测，属次生性生物污染监测。

（三）环境胁迫与生物响应

环境胁迫与生物响应是环境生物监测的核心内容。胁迫是指引起生态系统发生变化、产生反应或功能失调的外力、外因或外部刺激。胁迫可分为正向胁迫和逆向胁迫，正向胁迫并不影响生态系统的生存力和可持续力。这种胁迫重复发生，已经成为自然过程的组成部分，许多生态系统依此而维持。如草原上的火烧、潮间带的海浪冲刷等。然而在更为一般的意义上，胁迫通常指给生态系统造成负面效应（退化和转化）的逆向胁迫，主要涉及以下几种：

（1）水生生物等可更新资源的开采（直接影响生态系统中的生物量）。

（2）污染物排放（发生在人类生产生活活动中），如污水、杀虫剂、重金属、石油及放射性污染物质的排放，包括点源污染、面源污染等，是环境生物监测重点关注的胁迫因素。

（3）人为的物理重建（有目的地改变土地利用类型），如森林→农田、低地→城市、山谷→人工湖、湿地挤占、河道裁弯取直、水利设施建设等。

（4）外来物种的引入、病原体的污染等生物胁迫因素。

（5）偶然发生的自然或社会事件，如洪水、地震、火山喷发、战争等。

环境胁迫在生命系统组建的各个层次（包括细胞器、细胞、组织、器官、个体、种群、群落、生态系统、景观等微观到宏观的）上都会有相应的响应。其响应的敏感性随着生命系统组建层次从宏观到微观不断增强，响应的速度不断加快（即时间不断减少），而生态关联性在减少。因此，作为短期预警及应急监测敏感指标的开发和筛选可在个体水平以下进行，作为中长期生态预警指标则更适合在种群以上水平筛选。物种是生命存在的基本形式，从兼顾生态关联性及响应敏感性来看，传统生物毒性检测主要定位在种群水平、生物监视主要定位在群落水平上是必需的，这是环境生物监测的基础。

（四）水环境生物监测的内容

按实际工作情况，水环境生物监测的内容主要包括以下 4 个方面：

（1）水生生物群落监测，主要包括大型底栖无脊椎动物、浮游植物、浮游动物、着生生物、鱼类、高等水生维管束植物，甚至微生物群落的监测。

（2）生态毒理及环境毒理监测，前者以水生生物为受试生物，后者以大小鼠及家兔等哺乳动物为受试生物。

（3）微生物卫生学监测。

（4）生物残毒及生物标志物监测。

水环境生物监测是以生态学、毒理学、卫生学为学科基础，广泛吸收和借鉴现代生物技术的一项应用性技术。

水环境生物监测的监测指标包括结构性指标（例如，叶绿素 a 测定）和功能性指标（例如，光合效率测定）。

从研究方法来看，水环境生物监测包括被动生物监测和主动生物监测，前者是指对环境中某一区域的生物进行直接的调查和分析；后者是指在清洁地区对监测生物进行标准化培育后，再放置到各监测点上，克服了被动监测中的问题，易于规范化，可比性强，监测结果可靠。实际上，这反映了观测科学与实验科学的区别。类似地，人工基质采样、微宇宙试验等都具有主动监测的特性。

（五）生物监测的特点及其在环境监测中的地位

生物监测具有直观性、综合性、累积性、先导性的特点，同时它还具有区域性、定量-半定量的特点，是环境监测的重要组成部分。

生物指标是响应指标，水化学指标是胁迫指标，因此生物监测和化学、物理监测同等重要，不应对立分割。生物监测与化学、物理监测三位一体，相互借鉴，全面反映环境质量、服务环境管理。生物监测要重点着眼于其独有的综合毒性和生物完整性指标。

过去往往认为生物指标是理化指标的补充和佐证，这些都是片面的，需要重新认识和定位。

水环境生物监测在环境质量监测、污染源监测、应急监测、预警监测、专项调查监测等环境监测的各个方面都具有广泛的应用前景。

二、我国水环境生物监测的发展方向

（一）水环境生物监测的发展方向

（1）宗旨：保障生态安全和人体健康，满足环境管理和社会经济发展需要。

（2）理念：水环境生物监测以生态学、毒理学、卫生学等学科为基础，充分应用现代技术手段，更新理念，引入“生态系统健康”“生物完整性”“环境胁迫”“全排水毒性”等现代环境生物监测的基本概念，建立环境生物监测技术发展的理论基础。

（3）目标：生物指标是环境实际状况最客观的指标，应建立环境质量管理的生物学目标，确立法律地位，将污染物目标管理转变到生态目标管理上来。

（4）体系：在技术体系中，首先要以问题为导向，对环境生物评价技术体系进行创新，建立环境生态健康评价及综合毒性评价指标体系、基准及分级管理标准。其次，要以国际发展趋势为导向，对现行环境生物监测方法体系进行革新，建立包括 QA/QC（quality assurance，质量保证/quality control，质量控制）、快速方法等支持系统在内的现代化生物监测方法体系。

（5）应用：要在全面客观反映环境质量及变化趋势、污染源状况及潜在的环境风险方面切实发挥生物监测的应有作用，确立其管理的地位。

（二）水环境生物监测要重点关注的内容

1.生物完整性监测与评价

我国地大物博，不同地区生物分布的区系是不同的，因此不可能建立全国统一的水环境生物评价标准，应在生态地理分区的基础上，建立不同生态地理分区（亚区）的水环境生物评价基准和标准。

生物完整性指数（index of biological integrity, IBI）是综合性指数，它强调不同生物类群间的综合以及同一生物类群不同指标的综合。水环境生物评价指标体系的构建，除以上述生态分区为基础，还要重点关注以下几个方面。

（1）参考点位的选择

选取无人类干扰或干扰极小的一组样点作为参考点位，例如可考虑水质类别III类水以上、滨岸及汇水区植被条件好的样点。但无人类干扰或干扰极小的样点往往很难找到，因此也可用水生态还未受影响时的历史数据作为参考点位数据，还可借用生态地理条件类似地区的参考点位。即便是上述条件都不具备，也应选取所有调查样点中生态条件最好的一组样点作为参考点位，建立IBI综合评价的基础，随着生态条件的恢复，定期重复以上工作对评级基础进行修正，不断接近客观存在的IBI综合评价基准。

（2）人类干扰梯度与备选指标关联性分析

根据调查地区的水生态条件、自身生物监测能力及前人与同行的经验，尽可能多地选取有潜在评价价值的候选生物学指标。采用参考点位与受干扰点位的生物监测数据，分别计算各候选生物学指标并进行统计分析，剔除那些变化小、干扰点位与参考点位间差异小的不敏感指标，得到一组对干扰有良好响应的初选指标。

（3）初选指标冗余度分析

对初选指标进行相关性分析，对于相关性高的一组指标，表明其信息有很大的重叠，只要选取其中最能反映当地生态特征及生物学信息的一个指标即可，剔除同一组中的其他指标，避免信息重复。最后，得到若干信息相对独立的一组指标，综合这些指标就可构建IBI指数。

（4）基准及分级标准的建立

以参考点位筛选得到的指标值的25%分位数为该指标评价的基准，在此基础上对指数进行等分或非等分分级，对每一指标进行归一化处理，最后对各指标进行平均，得到IBI指数值。

2.综合毒性监测与评价

借鉴EPA全排水毒性指标（whole effluent toxicity, WET）、毒性鉴别评价（toxicity identification evaluation, TIE）、毒性削减评价（toxic reduction evaluation,

TRE）等建立的方法，发展我国水环境管理的综合毒性指标，这需要选择和整合代表性的水生生物以及急性、亚急性、短期慢性毒性试验指标。要重视QA/QC工作，参与国内外实验室能力验证。

3.微生物卫生学指标测试

微生物卫生学指标是环境管理的重要指标，其测试应重视无菌操作技能培养、环境设施条件的监控以及通过标准菌株和标准样品进行的质量控制和量值溯源。

第二节　水生生物群落监测

一、水生生物采样方法

（一）水生生物采样工具

1.通用工具

（1）交通工具：车、船、橡皮艇等。

（2）防护工具：水衩、手套、创可贴、探杆等。

（3）测量工具：温度计、酸度计、溶解氧测定仪、米尺、GPS设备、测距仪、透明度盘等。

（4）样品收集及固定：剪刀、毛刷、手术刀、白瓷盘、脸盆、塑料水桶、镊子、分样筛、采样瓶、固定液、洗瓶等。

（5）照相器具：照相机或摄像机等。

（6）记录工具：记录纸、防水笔等。

2.专项工具

着生藻类监测定性采样的专用采样工具包括剪刀、牙刷、手术刀或裁纸刀片。剪刀等用于采集挺水、沉水植物的茎、叶；手术刀或裁纸刀片用于刮取石块、沉木、枯枝上的着生藻类；牙刷用于刷下各种基质上的着生藻类。定量采样目前多使用硅藻计，有专业销售的有机玻璃材质的硅藻计，还可以自制简易的硅藻计，用木材制作，降低采样成本，共有 8 个格子，固定载玻片（26 mm×76 mm）8 片，采样时可将载玻片插入。聚酯薄膜采样器用 0.25 mm 厚的透明、无毒的聚酯薄膜作基质，规格：4 mm×40 mm，一端打孔，拴绳。

浮游生物监测定性采样采用浮游生物网，呈圆锥形，网口套在铜环上，网底管（有开关）接盛水器。网的本身用筛绢制成，根据筛绢孔径不同划分网的型号。小型浮游生物用 25 号浮游生物网，网孔 0.064 mm，用于采集藻类、原生动物和轮虫。大型浮游生物用 13 号浮游生物网，网孔 0.112 mm，用于采集枝角类。定量采样主要使用定量采水器、浮游生物网。

底栖动物监测定性采样工具主要有手抄网、踢网、铁锹、彼得森采泥器、三角拖网、分样筛、镊子、毛刷等；手抄网用于采集处于游动状态、草丛、枯枝落叶、底泥表层的底栖动物；踢网用于采集底泥中、石缝中、某些隐藏在草丛和落叶中、简易巢穴中的底栖动物；铁锹和彼得森采泥器主要采集底泥中的底栖动物。定量采样工具主要有彼得森采泥器、十字采样器、篮式采样器等。篮式采样器规格为直径 18 cm、高 20 cm 的圆柱形铁笼，此笼携带方便，不怕碰撞。用 8 号和 14 号铁丝编织，小孔为 4～6 cm^2，使用时笼底铺一层 40 目的尼龙筛绢，内装长度为 7～9 cm 的卵石，其重量约为 6～7 kg。松花江流域监测主要是篮式采样器，在试点过程中还研制了十字采样器，边长 40 cm，高 20 cm，中间十字分格，分别放入鹅卵石、水草、泥和砂，鹅卵石、水草下面放一层 40 目的尼龙绢筛铺底，泥、砂放入尼龙纱绢制作的网兜里。具体采用哪种采样器要根据当地的实际情况而定。

（二）采样点位的选择

1.前期准备

采样前要进行必要的准备，除了准备必需的器材，还要先查阅相关的地图，对采样断面附近的水域做全面的了解，包括河道弯曲度、纬度、周围的人为干扰情况、河岸的土地利用类型等；如果可能还可以提前进行实地踏勘，并通过向导（如渔民或知情者）了解断面的底质、水深、江水涨落情况等自然条件，底栖动物种类、分布、昆虫羽化时间等相关情况，这将有利于采集工作的顺利完成。

2.采样点的选取原则

野外采样要遵循代表性和客观性的原则，所谓代表性即具有典型水域特征的地区和地带；客观性即能够真实反映采样点的状况。通常布设断面要考虑底质、水深、流速、水体受污染的情况、水生高等植物的组成等影响水生生物生存的各种因素。定性采样主要有以下几点：

（1）尽量采集不同的生境，如石头、沉水植物、沙子、草丛、底泥等各种生境。

单一生境采样采用梅花布点、一字布点，还可以采用“S”形布点，样方的大小视环境而定；复合生境采样要考虑到生境、水深、流速等要素进行布点。

（2）尽量采集不同深度的样品，如 0～20 cm，20～50 cm，50～100 cm，大于 100 cm。

（3）尽量采集不同流速的样品，如主流（可涉）、浅滩、回水湾。

（4）采样范围在断面上下 100 m，每个断面需要采集至少 3 个样点，最好代表着不同的生境。可涉河流采样人员要下水，采集不同的基质；大河要左右岸采样。

（5）要有分层采样的概念，按照水体的透明度来定，透明度以上、以下的都应该采集，尤其是大河（不可涉河流）。

定量采样主要选择采样断面上下一定范围内生境最好的点位，以便表达出水质最佳的状态。

3.采样频率

根据不同的研究需要进行，要考虑到生物的习性，比如昆虫的羽化时间等。

（三）采样方法

1.底栖动物采样

（1）定性采样

结合点位的底质、水流、水深等环境条件确定相应的采样方法。

①踢网法：踢网规格为 1 m×1 m，孔径为 0.5 mm，主要适用于底质为卵石或砾石且水深小于 1 m 的流水区。采样时，网口与水流方向相对，用脚或手扰动网前 1 m 的河床底质，利用水流的流速将底栖动物驱逐入网。用踢网进行采样，移动性强的一些物种会向侧方游动而不被采获。一般采集 3～5 个样方，视样品量而定，记录采集样方个数。

②抓取法：彼得森采泥器用于大型河流、湖泊等深水区的底栖动物的采集，但仅适用于软底质河床且水流较缓的区域。彼得森采泥器重 8～10 kg，每次采集面积 1/16 m^2，每点采样两次。每断面几个样方最少折合采样面积 1 m^2，对于底质的采集厚度，河流一般为 10～15 cm，基本能具代表性；对于疏松湖底至少应穿透 20 cm 才能采到 90%的生物。

使用时将采泥器打开，挂好提钩，将采泥器缓缓放至底部，然后抖脱提钩，轻轻上提 20 cm，估计两页闭合后，将其拉出水面，置于桶或盆内，用双手打开两页，使底质倾入桶内。经 40 目分样筛筛去污泥浊水后，检出底栖动物放入装有 30%酒精的广口瓶中，带回实验室。同一采样点一般选择 3 个位点，每个位点采集 2～3 斗。采泥器拉出后如发现两页未关闭，则需另行采集。

③手抄网法：适用范围较广，迎水站立，深水可以采用“∞”形画法，采集一定面积；浅水可一手将手抄网迎水插到底质表面并握紧，用另一只手将其前面 50～60 cm 见方小面积上的石块捡起，在手抄网前将附着的底栖动物剥

离，以水流冲入网兜，然后用脚扰动底质，使底栖动物受到扰动，冲入网兜，持续大约 30 s。提起手抄网，转移采集的样品，每个点位采集几次，然后挑拣所采集的样品。

具有典型生态意义的样品，应拍照、观察并记录。

（2）定量采样

定量采样选用哪种方法要根据底质等各种情况综合分析，试验后确定。

①人工基质法

为了将人为的干扰或破坏降到最低，应该将人工基质隐藏在视野之外，避开走航、观光河流的主干道。放置时间为 14 天，如果在样品孵育期间发生洪水或冲刷等情况，待水体平稳后，重新安置人工基质。定期了解采样器材放置情况，如果样品丢失要及时补样。如果条件允许可以雇渔民看护。

篮式采样器：适用于河流、湖泊，在每个采样点至少放置两个采样器，两个采样器用 5～6 m 的尼龙绳连接，或用尼龙细绳固定在岸边的固定物上，或用浮漂做标记。

河流水体可涉的至少两个，要考虑到流速和生境的不同；不可涉河流需要左右岸采样，各下两个，考虑到流速和生境；湖泊水库至少要下两个；另外防止丢失，可以多下。采样深度一般为 1 m 左右，采样器放置时间为 14 天。

采样器提出水面后，放置到白瓷盘或盆里（以免采到的样品丢失）运到岸边，将卵石转入盛有少量水的桶里，附在卵石上的底栖动物用尖角镊子直接捡到盛有 30%酒精的广口瓶中；再用猪毛刷将卵石上的泥沙刷下，经 40 目的分样筛过滤，将生物捡出，装入广口瓶；筛绢上的直接捡到盛有 30%酒精的广口瓶中，带回实验室。捡拾动物时要轻拿轻放，保持动物个体完整。根据采集种类多少，可将坚硬的甲壳类和软体动物与水生昆虫幼虫及蛭类等分开保存。来不及分捡的样品，应放入冰箱内保存，以免虫体腐烂不利于分析。

十字采样器：方法与篮式采样器采集方法基本相同。

②抓取法：同定性采样方法。

③索伯网法：网口迎水，扰动所围面积内的底质，将底栖动物收集到网兜里。

其他资料上还有一些定性、定量采样的方法，可以通过试验，总结经验后加以应用。

（3）几个需要注意的问题

①岸上、草上的生物怎么算

样点水边的螺、蚌（水中、岸上均能生活的种类）可以算入底栖动物定性样品；草上的蜉蝣目、蜻蜓目等昆虫褪的壳、皮等，如果完整、满足鉴定要求，也可以算入底栖动物的定性样品。

②成虫怎么算

采样过程中，羽化的成虫捕获后，可以算入底栖动物，尤其是飞行能力较弱的成虫。飞行能力较强的成虫，不能算入。

③人工基质外面的枯草上附着的生物怎么算

少量枯草中的底栖动物可以算定量样，大量的枯草需要将其清除，不算定量，但如果定性采样时未采到，可以算定性。

④湖泊、水库防浪问题

大型湖泊、水库岸边浪大，放置点应该尽量避免浪区，减少狂浪冲刷。

⑤石头种类

一定要放卵石，不能放毛石，尤其是山上刚采集的毛石效果差。

（4）固定及保存

采样现场用 30%的酒精或 1%的福尔马林固定，没过样品，贴上标签，回实验室后换用 70%的酒精或 5%的福尔马林固定（因福尔马林有害应尽量少用），固定液的体积应为动物体积的 10 倍以上，常温保存，每隔几周检查防腐剂，必要时进行添加，直至完成种类鉴定，可选择部分样品或具有生态意义的样品制作标本，长期保存。

将永久性标签分别附于样品瓶内外侧，附以下信息：水体名称、点位编号、采样时间、采集人姓名、防腐剂类型。

2.着生生物采样

（1）定性采样

安排在放样的当天，采用天然基质作为定性采样器材，以采样点周围的植物叶片、石块和木块等为天然基质，尽可能多地采集不同的基质，要记录基质的名称，填写采样记录。

（2）定量采样

器材选用人工基质，在河流中避开急流和漩涡，采样时必须固定好器材，可以与底栖动物的篮式采样器相连，以此作为重物或缚在钉入河流底部的钢筋或其他结构上。通过调节绳子的长短，保证硅藻计距离水面 5～10 cm，使之得到合适的光照。每个采样点至少放置 2 个人工基质，避免不确定的事故，确保采样成功。

为了将人为的干扰或破坏降到最低，应该将人工基质隐藏在视野之外，避开走航、观光河流的主干道。条件允许可以雇渔民看护。

放置时间为 14 d。如果在样品孵育期间发生洪水或冲刷等情况，待水体平稳后，重新安置人工基质；定期了解采样器材放置情况，如果样品丢失要及时补样，取样时填写采样记录。

（3）样品的保存和制备

①定性样品

装入盛有少量水的塑料袋里，贴好标签，做好记录，带回实验室。

用牙刷、毛刷或硬胶皮等将所选基质上的藻类全部刮到盛有蒸馏水的烧杯中。当基质的手感从光滑、黏腻变为粗糙、不黏时，才能判断着生藻类已经被完全取下。

刮取后，用福尔马林液或鲁哥氏液固定（按每升水加 15 mL 鲁哥氏液的比例），经 24 h 沉淀，弃去上清液，用虹吸法或用移液管，将导管放在水面下水体的中间，勿搅动、勿贴壁，剩余的液体量适宜时，将液体搅动，无须定容，直接将样品移入贴有标签的试剂瓶中即可，并用上清液冲洗烧杯。

②定量样品

采样现场将所取基质（硅藻计-载玻片法、聚酯薄膜法）放入装有采样点水样的广口瓶中，做好记录，贴好标签，带回实验室，并尽快对样品进行处理。

用牙刷、毛刷或硬胶皮等将所选基质（载玻片取 3 片、聚酯薄膜取中段 4 cm×15 cm，根据着生的情况可以增减面积，一定要记录）上的藻类全部刮到盛有蒸馏水的烧杯（贴有采样点名称标签）中，并用蒸馏水将基质冲洗多次，用鲁哥氏液或福尔马林液固定，经 24 h 沉淀，弃去上清液，将剩余的液体搅动，转移至比色管中，并用之前的上清液冲洗，定容至 30 mL，贴上标签，备用。如果液体总量超过 30 mL，可以再沉淀，并弃去上清液，定容至 30 mL。

保存时，每隔几周检查固定液，必要时进行添加，直至完成种类鉴定。如需长期保存可按 5%浓度加入福尔马林溶液。

将永久性标签放入样品瓶内，附以下信息：水体名称、站位编号、日期、采集人姓名、固定液类型，应注意鲁哥氏液或其他碘固定液可使纸质标签变黑。同时，在样品瓶外标注采样地点、站位编号、日期与样品类型。

3.浮游生物采样

尽量选择在晴天采样，每次采样需要采集 3 个样品，即每天的 9 点、12 点和 16 点分别采集。但落实到每个监测点最好经过试验，了解不同时间浮游生物的差异，如果差异较小，可减少采样次数。

（1）定性采样

同次采样过程中，浮游藻类的定性样品和定量样品均需进行采集，定性样品的采集应当在定量样品采集结束后进行。采样深度在表层至 50 cm 深处之间，以 20～30 cm/s 的速度作“∞”形巡回缓慢拖动，采样时间不少于 5 min。应注意网口必须面朝水流方向，与水面垂直，并且网口上端不能露出水面。如果采样点无水流，可将浮游生物网拴长绳，抛出去，往回拉，反复 3～4 次也可。或在水中沿表层过滤 1.5～5.0 m^3 水，过滤取样 30～50 mL。

将过滤后的样品转移至样品瓶中，用蒸馏水冲洗浮游生物网，所得过滤物并入样品瓶中，重复该过程 2～3 次。水样采集之后，马上加固定液固定。

（2）定量采样

在湖泊和水库中，水深 5 m 以内的，采样点可在水表面以下 0.5 m、1 m、2 m、3 m 和 4 m 等五个水层采样，混合均匀，从中取出定量水样。水深 2 m 以内的，仅在 0.5 m 左右深处采集亚表层水样即可，若透明度很小，可在下层加取一样，并与表层样混合制成混合样。深水水体可按 3～6 m 间距设置采样层次。变温层以下的水层，由于缺少光线，浮游植物数量不多，浮游动物数量也很少，可适当少采样。对于透明度较大的深水水体，可按表层、透明度 0.5 倍处、1 倍处、1.5 倍处、2.5 倍处、3 倍处各取一水样，再将各层样品混合均匀后从混合样中取一样品，作为定量样品。

浮游生物密度高，采水量可少些；密度低采水量要多些。常用于浮游生物计数的采水量：对藻类、原生动物和轮虫，以 1 L 为宜。甲壳动物要采 10～50 L，并且通过 25 号网过滤浓缩。

每次采样均加固定剂，然后混合成一个样品，再取 1 L 混合样作为鉴定样品，带回实验室。

对藻类、原生动物和轮虫水样，每升加入 15 mL 左右鲁哥氏液固定保存。可将 15 mL 鲁哥氏液事先加入 1 L 的玻璃瓶中，带到现场采样。固定后的样品贴上标签，送实验室保存。

鲁哥氏液配制方法：40 g 碘溶于含碘化钾 60 g 的 1 000 mL 水溶液中。福尔马林固定液的配制方法是：福尔马林（市售的 40%甲醛）4 mL，甘油 10 mL，水 86 mL。对枝角类和桡足类水样，现场按 100 mL 加 4～5 mL 福尔马林固定液保存。

采样结束后，检查所有标签和表格记录信息的准确性和完整性。

二、水生生物分类鉴定

（一）浮游生物

浮游生物是指悬浮在水体中的生物，它们多数个体小，游泳能力弱或完全没有游泳能力。浮游生物可划分为浮游植物和浮游动物两大类。在淡水中，浮游植物主要是藻类，它们以单细胞、群体或丝状体的形式出现。浮游动物主要由原生动物、轮虫、枝角类和桡足类组成。浮游生物是水生食物链的基础，在水生生态系统中占有重要地位。许多浮游生物对环境变化反应敏感，可作为水质的指示生物。

（1）器材

解剖镜、显微镜、解剖针、标本瓶（30～50 mL）、浮游生物计数框。

（2）实验室处理

①样品浓缩

从野外采集并经固定的水样，带回实验室后必须进一步沉淀浓缩。为避免损失，样品不要多次转移。水样直接静置沉淀 24 h 后，用虹吸管小心抽掉上清液，余下 20～25 mL 沉淀物转入 30 mL 定量瓶中。为减少标本损失，再用少许上清液冲洗容器几次，冲洗液加到 30 mL 定量瓶中。

②样品鉴定、计数

个体计数仍是目前常用的浮游生物定量方法。浮游动物计数时，要将样品充分摇匀，将样品置于计数框内，在显微镜或解剖镜下进行计数。常用计数框容量有 0.1 mL、1 mL、5 mL 和 8 mL 四种。用定量加样管在水样中部吸液移入计数框内。移入之前要将盖玻片斜盖在计数框上，样品按准确定量注入，在计数框中一边进样，另一边出气，这样可避免气泡产生。注满后把盖玻片移正。计数片子制成后，稍候几分钟，让浮游生物沉至框底，然后计数。不易下沉到框底的生物，则要另行计数，并加到总数之内。

藻类：吸取 0.1 mL 样品注入 0.1 mL 计数框，在 10×40 倍或 8×40 倍显微镜下计数，藻类计数 100 个视野。计数两片取其平均值。如两片计数结果个数相差 15%以上，则进行第三片计数，取其中个数相近两片的平均值。

也可采用长条计数法，选取两相邻刻度从计数框的左边一直计数到计数框的右边称为一个长条。与下沿刻度相交的个体，不计数在内，与上、下沿刻度都相交的个体，以生物体的中心位置作为判断的标准，也可在低倍镜下，按上述原则单独计数，最后加入总数之中。一般计数三条，即第 2、5、8 条，若藻体数量太少，则应全片计数。硅藻细胞破壳不计数。

原生动物的计数：吸取 0.1 mL 样品注入 0.1 mL 计数框，在 10×40 倍或 8×40 倍显微镜下计数，全片计数。轮虫则取 1 mL 注入 1 mL 计数框内，在 10×8 倍显微镜下全片计数。以上各类均计数两片取其平均值。如两片计数结果个数相差 15%以上，则进行第三片计数，取其中个数相近两片的平均值，参照《中国淡水轮虫志》《淡水微型生物图谱》和《原生动物学》进行鉴定。

甲壳动物的计数：将浓缩样吸取 8 mL（或 5 mL），注入计数框，在 10×10 倍或 10×20 倍倒置显微镜或显微镜下，计数整个计数框内的个体。亦可将 30 mL 浓缩样分批按此法计数，再将各次计数相加得到 30 mL 样的总个体数，参照《中国动物志》进行鉴定。

（3）质量控制

实验室需建立、积累和更新自己的系统分类学检索资料库及参考标本库，参考标本要由外部分类学专家确定和签名，要保证其固定剂质量，定期更换。

每一个鉴定出的物种需由第二个分类鉴定员复检确认并做好记录。遇到本实验室无法确认的标本需外送鉴定时，要做好外送的日期、目的地、返还日期和鉴定人的姓名等信息记录。

每个分类鉴定员均需定期参加分类学培训及考核，增强分类技能，确保物种的准确鉴定。

10%的样品进行平行处理，包括种类鉴定、数据统计。用 Bray-Curtis 指数来检验数据的质量，相似度达到 90%。

（二）大型底栖无脊椎动物

大型底栖无脊椎动物，是指栖息在水体底部淤泥内或石块、砾石的表面或其间隙中，以及附着在水生植物之间的肉眼可见的水生无脊椎动物。一般认为其体长超过 2 mm，不能通过 40 目分样筛。它们广泛分布在江、河、湖、水库、海洋和其他各种小水体中。包括许多动物门类，如水生昆虫、大型甲壳类、软体动物、环节动物、圆形动物、扁形动物以及其他无脊椎动物。

1.实验室处理程序

（1）样品的再清洗

通常现场采样的时间安排比较紧凑，经常存在样品就地清洗不彻底的情况。如果样品中还含有淤泥等容易引起水体浑浊的杂质，就会给标本分选带来困难，造成视场不清晰。所以在分选前，还应将样品反复淘、过筛（40 目），直至澄清。一方面可以去除淤泥，洗净样品；另一方面可以部分洗脱固定剂，保护分选操作人员的健康（尤其是固定剂为福尔马林溶液时）。清洗用福尔马林溶液固定的样品时，洗液应回收并集中统一处理。

（2）样品的分样

一般而言，较大型的螺、蚌、蜻蜓稚虫等大型底栖无脊椎动物可全部拣出，较小型的摇蚊等、水栖寡毛类等大型底栖无脊椎动物要全部拣出工作量太大，没有必要，可进行分样处理。

分样前，应先随机取少量样品镜检观察，根据该样品的生物密度大致预估分样量。分样时，必须将某点所采集到的全部底栖样品充分混合均匀后，按二分法逐级减少取样量（如 1/2 样、1/4 样、1/8 样、1/16 样等），使每份样中的生物个体为 20～50 个。

（3）标本的挑拣

直接用肉眼分选样品，容易造成某些小个体物种（如线虫、仙女虫等）的遗漏，因此最好选用解剖镜，解剖镜下分选时，将样品放入培养皿中加入少量水，使视场内样品舒展开，避免因植物残屑的缠裹、掩埋引起底栖动物标本的漏拣。镜选时的放大倍数可根据个人的适宜度调节，放大倍数过高、视野窄，影响分选效率；放大倍数过低，又容易漏拣部分小个体的生物标本。

用细吸管、解剖针等逐份挑拣分样样品，当有形态大小各异的个体拣出时，进行下一份分样挑拣，直至没有新的形态大小各异的个体拣出时，可停止挑拣，同时必须保证拣出的标本个数为 100 个。记录挑拣的分样份数。

如分选过程中发现小个体或罕有生物样品时，应立即单独分装保存，避免与其他大量生物样品混杂后遗失。

样品标本的挑拣周期不宜超过 2 天，且当日工作结束时应将待挑拣样品冷藏保存。

（4）标本的固定与保存

软体动物可用 5%甲醛溶液或 75%乙醇溶液固定，用 75%乙醇溶液保存。

水生昆虫可用 5%乙醇溶液固定，数小时后移入 75%乙醇溶液中保存。

水栖寡毛类应先放入培养皿中，加少量清水，并缓缓滴加数滴 75%乙醇溶液将虫体麻醉，待其完全舒展伸直后，再用 5%甲醛溶液固定，用 75%乙醇溶液保存。

上述固定和保存液的体积应为所固定动物体积的 10 倍以上，否则应在 2～3 天后更换一次。

（5）标本的物种鉴别

根据实验室积累的系统分类学检索资料及参考标本进行物种检索分类和参考标本实物比对，标本的物种鉴别应尽可能到属种，不能到种的也尽可能区分为不同的种。

底栖动物标本的鉴定多因缺乏系统的资料而有较大的难度。水生昆虫幼虫，例如摇蚊幼虫，要确切鉴定到种，需有生活史资料，应以成虫为根据，这需要进行幼虫的培养。摇蚊幼虫（以及其他水生昆虫幼虫或稚虫）皆以末龄期的形态为种的依据。水栖寡毛类中的颤蚓种类，只有成熟时（形成环带）才能识别。

通常，水生昆虫除摇蚊科及其他少数科属外，皆可在解剖镜下鉴定到属，在低倍镜下确定目、科，在高倍镜下对照资料鉴定到属。摇蚊科幼虫主要依据头部口器结构的差异来定属、种，并需制片，用甘油透明观察。优势种类或其他因有异议而需要观察和研究的种类，可用普氏（Puris）胶封片，可保存1年至3年。

（6）标本物种的结果统计

每个采样点所采得的底栖动物应按不同种类准确地统计个体数，在标本已有损坏的情况下，一般只统计头部，不统计零散的腹部、附肢等。

每个采样点所采得的底栖动物应按不同种类准确地称重。软体动物可用普通药物天平称重，水生昆虫和水栖寡毛类应用扭力天平称重。待称重的样品必须符合下列要求：

已固定10天以上；

没有附着的淤泥杂质；

标本表面的水分已用吸水纸吸干；

软体动物外套腔内的水分已从外面吸干；

软体动物的贝壳没有弃掉。

（7）标本的标识和记录

标本标识应包括以下内容：

标本的名称、学名及门类；

采样时间及地点；

标本编号；

固定剂成分；

鉴定日期；

鉴定及确认人员签名等。

2.结果表达

应分析软体动物、水生昆虫和水栖寡毛类的种类组成，按分类系统列出名录表，并标明物种密度和生物量，同时统计总的及各大类群大型底栖无脊椎动物分类单元数、总物种密度、总生物量等。

3.质量保证和质量控制

（1）标本挑拣

在挑拣完后剩余的残渣中，质控员对每个挑拣人员选取10%的分样抽检，如质控员挑拣出的标本数小于挑拣人员挑拣出标本数的10%，则该份样品合格，否则，进行第二次抽检，如仍不合格，则该样品需重新挑拣。

实验室挑拣工作完成后，所有挑拣工具需进行彻底清洗检查，将残留在其中的标本放入相应的标本收集容器中。

（2）标本鉴定

实验室需建立、积累和更新自己的系统分类学检索资料库及参考标本库，参考标本要由外部分类学专家确定和签名，要保证其固定剂质量，定期更换。

每一个鉴定出的物种需由第二个分类鉴定员复检确认并做好记录。遇到本实验室无法确认的标本需外送鉴定时，要做好外送的日期、目的地、返还日期和鉴定人的姓名等信息记录。

每个分类鉴定员均需定期参加分类学培训及考核，增强分类技能，确保物种的准确鉴定。

（三）鱼类

在水生食物链中，鱼类代表着最高营养水平。凡能改变浮游生物和大型无脊椎动物生态平衡的水质因素，也可能改变鱼类种群。因此，鱼类的状况是水的总体质量作用的结果。此外，由于鱼类和无脊椎动物的生理特点不同，对某些毒物的敏感性也不同。尽管某些污染物对低等生物可能不引起明显的变化，但鱼类却可能受到影响。因此，鱼类的生物调查对于水环境监测具有十分重要的意义。

1.器材及试剂

体视显微镜、光学显微镜、拖网、围网、刺网、撒网、电子捕鱼器、镊子、搪瓷盘、放大镜、电子天平、5%～10%福尔马林溶液。

2.采样

根据不同情况可通过以下 3 种方法采集鱼类样品：

（1）结合渔业生产捕捞鱼类样品。

（2）从鱼市购买鱼类样品，但一定要了解其捕捞水域基本情况。

（3）对非渔业区域可根据监测工作需要进行专门捕捞采集，根据水域的不同分类可采用不同的捕捞方法进行鱼样采集，具体捕捞采集方法如下。

①拖网类：适于在底质平坦的水域使用。

②围网类：捕捞中、上层鱼类的效果较好，不受水深和底质限制。

③刺网类：适于捕捞洄游或游动性大的鱼类，不受水文条件的限制，操作简便灵活。

④撒网：是在鱼类密集的地方罩捕鱼类的一种小型网具。这种网具有成本低、网具轻巧、操作简便的特点，很适于鱼类调查者自备使用。

⑤电子捕鱼器：适用于河道、水溪、池塘等小面积水域使用，不受水深和底质限制，很适于鱼类调查者自备使用。

注意事项：

采样时应在采样区域的上下游都设置拦网，采样由下游至上游。

在样本区所有采集的鱼（大于 20 mm 的总长度）必须确定种系（或亚种）。确实不能确认种系的标本被保存在标记的含有 5%～10%的福尔马林溶液的瓶中，方便以后化验鉴定。

使用电子捕鱼器采样时，所有采样成员必须接受培训，包括电气捕鱼的安全防范和由电子捕鱼设备操作的各种程序等内容。每个小组成员必须穿戴长达胸部的防水靴和橡胶手套以隔绝水和电极。电极和伸入网兜中的设备必须是由绝缘材料（如木材、玻璃纤维）制造的。电气捕鱼设备/电极必须配备安全开关功能。现场采样成员不得进入水中，除非电极已从水中取出或电气捕鱼设备已脱离。建议至少 2 名鱼标本采样成员接受过心肺复苏术的培训。

3.样品的固定与保存

（1）采得的标本应用水洗涤干净，并在鱼的下颌或尾柄上系上带有编号的标签。采集时间、地点、渔具等应随时记录。

（2）标本应置于解剖盘等容器内，矫正体形，撑开鳍条，用5%～10%福尔马林溶液固定。个体较大的标本，应用注射器往腹腔注射适量的固定液。

（3）标本宜用纱布覆盖，以防表面风干。待标本变硬定型后，移入鱼类标本箱内，用5%～10%福尔马林溶液保存，用量至少应能淹没鱼体。

（4）对鳞片容易脱落的鱼类，应用纱布包裹以保持标本完整。对小型鱼类，可不必逐一系上标签，将适量的标本连同标签用纱布包裹，保存于标本箱内即可。

4.实验室处理程序

（1）鱼类形态和内部性状的观测

鱼类形态和内部性状观测项目：体长、体高、体重、头长、吻长、尾柄长、尾柄高、眼径、侧线鳞、背鳍、臀鳍和色彩。

（2）种类鉴定和区系分析

所有标本必须鉴定到种或亚种。鉴定时要根据对鱼体各部位的测量、观察数据等查找检索表。为避免出现同物异名或同名异物造成混乱，所用名称要求以《中国鱼类系统检索》中的鱼类名称为准，如根据文献引用资料，要求注明引用的参考文献，以便汇集时备考，鉴定完的标本要妥善保存。

每种鱼的观测数据，应进行统计处理，求出各种性状的大小比例及变动范围。

应分析水体中鱼类种类组成，包括区系组成特点和生态类型，并按分类系统列出名录表。

（3）种群组成分析

重量和数量组成：取出的样品应按种类计数和称重，并计算每种鱼所占的百分比。

主要经济鱼类体长、体重和年龄组成：样品中的主要经济鱼类应逐尾测定体长和称重，同时采集鳞片等年龄材料并逐号进行鉴定。

测定鱼龄主要采用鳞片法：测龄用的鳞片一般取自鱼体中部侧线上方附近

的部位，通常取 5～6 片。取后用清水洗净，夹于两块载玻片之间。鳞片上的环片排列一般为两种类型，一类为疏密型，如虹鳟鱼等；另一类为切割型，大部分鲤鱼科鱼类属此类型。疏密型：所谓疏密，在鳞片上的表示就是环片间的距离宽窄不等，宽区和窄区有规律地相间排列，通常把窄区过渡到宽区之间的分界线看作年轮。切割型：环片切割是由于环片群走向不同而造成的，一年中环片间的配置排列大体上都是平行的，但新的一年形成的第一条环片则与上一年形成的若干环片相切割，切割线就是年轮。

5.质量控制要求

（1）采样时应选择典型区域进行测量，点位的选择应该包括该河流所有生境的特征。采样区域应该远离主支流以及桥梁、航道，减少上游对总体栖息地质量的影响。记录采样点、经度和纬度。进行相同的采样时，每次都要进行栖息地评估和水质量的物理化学特征检测。

（2）所有标本都应贴上相应的标签，按序排列，存放在实验室指定的样品贮藏室中，建立标本库以供将来参考。标本瓶内需加入适量的 10%的甲醛溶液作为固定剂，同时需定期检查固定剂是否变质，如有变质现象，需及时清理更换新的固定剂。

（3）每一个已鉴定完毕将被保存的标本均需由第二个分类鉴定员复检。复检合格后，需在该标本上贴上相应的标签，标签上要注明鉴定人员的姓名、鉴定日期、标本名称等详细信息。同时鉴定员要将标本的相关信息记录在“分类学鉴定”笔记本上备案。遇到本实验室无法确认的标本需外送到其他实验室进行鉴定时，需记录下标本外送的日期和目的地，当标本被返还时，也需记录下标本返还日期和鉴定人的姓名。

（4）标本鉴定的详细过程需记录在“标本鉴定”的记录本上，以便追踪标本鉴定分析过程中每一步的进展情况，并及时发现分析过程中的错误。

（5）实验室需建立一个基础的生物分类学资料库，提供一系列分类学参考资料以辅助分类鉴定员更好地完成鉴定工作。同时，每个分类鉴定员均需定期参加分类学培训，增强分类技能，确保能准确鉴定物种。

（6）监测人员要持证上岗，首先要参加上岗证理论考试，理论考试合格后方能上岗。同时进行操作技能考核、培训，考核合格后方能持证上岗，定期进行换证的理论考试、操作技能考核。

第三节　水中微生物监测

一、水中微生物监测概述

（一）水中微生物的生态条件

地球表面的70%为各类水体所覆盖，根据形成因素可分为天然水体和人工水体两大类。天然水体包括海洋、江河、湖泊、湿地和泉水等，人工水体包括水库、运河以及各种污水处理系统。不同水生环境的微生物种类和数量有较大差异，但总体来说水体是适宜于微生物生存的主要生态环境之一。

1.营养状况

水体是一种很好的溶剂，溶解有氮、磷、硫等无机营养和以污水、根叶、动植物尸体以及类似的形式进入水中的有机物质。各种水体中营养状况有很大差异。

2.温度

各种水体有较大差异，并随着季节等有较大变化。一般淡水在0～36 ℃之间，海洋水温在5 ℃以下，温泉水温可在70 ℃以上。

3.氧气

水体中空气供应较差（氧在水中溶解度较小，易被微生物耗尽），因此对于微生物生长而言，氧气是水生环境里最重要的限制因子。静水湖泊更为明显，江河水域由于水的流动溶解氧能不断得以补充。

4.pH 值

不同水体的 pH 值变化范围也较大，在 3.7～10.5 之间。淡水的 pH 值为 6.5～8.5，适于大多数微生物生长。而在一些酸性和碱性水体中也有相应的微生物类群生长。

（二）水中微生物的来源

水体中的微生物大致来源于以下几个方面。

1.水体“土著”微生物

水体“土著”微生物是水体中固有的微生物，主要有硫细菌、铁细菌等化能自养菌，光合细菌，蓝细菌，真核藻类以及一些好氧芽孢杆菌等。

2.来自土壤的微生物

由于水体的冲刷，土壤中的微生物被带到水体中，主要包括氨化细菌、硝化细菌、硫酸还原菌、芽孢杆菌和霉菌等。

3.来自空气微生物

雨雪降落时，将空气中的微生物带入水体中，主要是由于空气中有许多尘埃造成的。

4.来自生产和生活的微生物

各种工业废水、农业废水、生活污水、人和动物排泄物和动植物残体等夹带微生物进入水体，主要包括大肠菌群、肠球菌、各种腐生细菌、梭状芽孢杆菌以及一些致病性微生物，如霍乱弧菌、伤寒杆菌和痢疾杆菌等。

（三）水中微生物的种类、数量和分布

水体中微生物的种类、数量和分布受水体类型、有机物含量、温度及深度等多种因素的影响。大气水中一般含微生物较少，主要来源于空气中的尘土。地面水中微生物的数目容易发生巨大的变化，既取决于土壤中微生物的数目，

也取决于被水分由土壤中溶解出的营养物的种类和数量。微雨的主要结果是增加地面水中细菌的污染，而长期下雨的结果则相反。聚积水体（江河、湖泊、海洋和水库等）可分为很多类型，其微生物种类、数量差异较大。清洁湖泊、水库中有机物含量少，微生物也少，数量约为 10^2～10^3 个/mL，并以自养型为主，包括铁细菌、硫细菌、光合细菌、蓝细菌、藻类及少量寡营养型的异养细菌。有机物多的湖泊，停滞的池塘，污染的江河水以及下水道的沟水中，有机物含量高，微生物种类和数量都很多，数量约为 10^7～10^8 个/mL，并以异养型腐生菌、真菌和原生动物为多。一般海水含盐量约为 30 g/L，因此海洋微生物大多数是耐盐或嗜盐微生物，主要有藻类、假单胞菌、弧菌、黄色杆菌及一些发光细菌等。地下水水体是无菌的，这是由于在水渗入地下时土层过滤掉了大多数微生物和营养物质。

尽管随水体类型不同，微生物的种类和数量有较大差异，但微生物在不同水体中（主要指聚积水体）的分布却有相同或相近的规律。微生物在水体中水平分布主要受有机物含量的影响，一般在沿岸水域有机物较多，微生物的种类和数量也较多。微生物在水体中的垂直分布随深度变化表现出有规律的变化，浅水区（表层水）因阳光充足和溶解氧量大，适宜蓝细菌、光合藻类和好氧微生物生长，而厌氧微生物较少；深水层内好氧微生物较少，厌氧和兼性厌氧微生物增多；水底淤泥中只有一些厌氧菌生长，而在海洋的超深海区，只有少数耐压菌才能生长。

（四）水中微生物监测的作用和意义

开展微生物监测时，一般选择有代表性的一种或一类微生物作为指示微生物；通过对指示微生物的检测，来了解水体是否受到过微生物污染。在实际工作中，通常以检验细菌总数、总大肠菌群、粪大肠菌群、大肠埃希氏菌、肠道病毒等作为指示微生物，来间接判断水的卫生学质量。同时，结合高锰酸盐指数、BOD、COD、DO、氨氮及氮磷等理化指标也可以综合反映环境中污染的水平。此外，微生物的生长、繁殖量和其他生理、生化反应也是鉴定微生物生存的环境质量优劣的常用指标。例如发光细菌利用生物发光监测环境污染是一个既灵敏又有特色的方法。

水环境中的微生物监测方法也是利用了微生物与环境接触的直接性和对其反应的敏感性。当自然水体受空气沉降、土壤、工业废水、生活废水及人畜粪便的影响时，水中有机物不断增加，从而促进了水体中微生物生长及繁殖。我们通过监测水体中特定微生物的数量和种类的变化，即可评价水质状况，反映水质变化趋势，保障水质的卫生安全。

二、微生物监测的基本原理

（一）生长与繁殖

一个微生物细胞在合适的外界环境条件下，会不断地吸收营养物质，并按其自身的代谢方式不断进行新陈代谢。如果同化（合成）作用的速度超过了异化（分解）作用，则其原生质的总量（质量、体积、大小）就不断增加，于是出现了个体细胞的生长。如果这是一种平衡生长，即各种细胞组分是按恰当比例增长时，则达到一定程度后就会引起个体数目的增加，对单细胞的微生物来说，这就是繁殖。不久，原有的个体已经发展成一个群体。随着群体中各个个体的进一步生长、繁殖，就引起了这一群体的生长。群体的生长可用其质量、体积、个体浓度或密度等作指标来测定。所以个体和群体间有以下关系：

个体生长→个体繁殖→群体生长

群体生长＝个体生长＋个体繁殖

事实上，微生物个体细胞的生长时间一般很短，很快就进入繁殖阶段，生长和繁殖实际上很难分开。除特定的目标以外，在微生物的研究和应用中，只有群体的生长才有意义。因此，在微生物学中，凡提到“生长”时，一般均指群体生长。

（二）微生物生长的测定

常用的测定或估计微生物生长的方法有以下几种。

1.显微镜计数法

单细胞的微生物，例如细菌，主要采用计数器（又称血球计数板）直接在显微镜下计数。这些计数器的底部都有棋盘式刻度，可以数一定面积内的菌数。对于能运动的细菌，一般可以设法用 4%聚乙烯醇停止其运动后计数。

2.平皿活菌计数法

这是采用平皿涂布或混匀的方法，计算固体培养基上长出的菌落数。此法适用于各种好氧菌或异氧菌。其主要操作是把稀释后的一定量菌样通过浇注琼脂培养基或在琼脂平板上涂布的方法，让其内的微生物单细胞一一分散在琼脂平板上（内），待培养后，每一活细胞就形成一个单菌落，此即菌落形成单位（colony forming units, CFU）。每一个菌落是由一个细胞繁殖而成。根据每皿上形成的 CFU 数乘以稀释度就可推算出水样中的含菌数。

3.稀释培养 MPN 法

最大或然数（most probable number, MPN）计数又称稀释培养计数，适用于测定在一个混杂的微生物群落中虽不占优势，但却具有特殊生理功能的类群。其特点是利用待测微生物的特殊生理功能的选择性来摆脱其他微生物类群的干扰，并通过该生理功能的表现来判断该类群微生物的存在和丰度。

MPN 计数是将待测样品作一系列稀释，一直稀释到将少量（如 1 mL）的稀释液接种到新鲜培养基中没有或极少出现生长繁殖。根据没有生长的最低稀释度与出现生长的最高稀释度，采用“最大或然数”理论，可以计算出样品单位体积中细菌数的近似值。具体地说，菌液经多次 10 倍稀释后，一定量菌液中细菌可以极少或无菌，然后每个稀释度取 3～5 个样品重复接种于适宜的液体培养基中。培养后，将有菌液生长的最后3个稀释度（即临界级数）中出现细菌生长的管数作为数量指标，由最大或然数表上查出近似值，再乘以数量指标第一位数的稀释倍数，即为原菌液中的含菌数。我们开展的总大肠群落和粪大肠菌群项目都是采用稀释培养MPN法。

4.比色（比浊）法

在科学研究和生产过程中，为及时了解培养中微生物的生长情况，需定时测定培养液中微生物的数量，以便适时地控制培养条件，获得最佳的培养物。比色（比浊）法是常用的测定方法，是在浊度计或比色计上进行测定培养液中微生物的数量。某一波长的光线，通过混浊的液体后，其光强度将被减弱。入射光与透过光的强度比与样品液的浊度和液体的厚度相关。由于在一定范围内，单细胞微生物的光吸收值与液体中的细胞数量成正比，因此可用作溶液中计算总细胞的技术，但需要用直接显微镜计数法或平板活菌计数法制作标准曲线进行换算。比浊法虽然灵敏度较差，然而却具有简便、快速、不干扰或不破坏样品的优点。

5.干重测定法

干重法一般可以分为粗放的测体积法（在刻度离心管中测沉淀量）和精确的称干重法。将一定量的菌液中的菌体通过离心或过滤分离出来，然后烘干（干燥温度可采用105 ℃、100 ℃或80 ℃）、称重。微生物的干重一般为其湿重的10%～20%。

6.生理指标法

与微生物生长量相平行的生理指标很多，可以根据实验目的和条件适当选用。最重要的如测含氮量法，一般细菌的含氮量为其干重的12.5%，酵母菌为7.5%，霉菌为6.5%，含氮量乘以6.25即为粗蛋白含量；另有测含碳量以及测磷、DNA、RNA、ATP（adenosine triphos phate，三磷酸腺苷）、DAP（diaminopimelic acid，二氨基庚二酸）、几丁质或N-乙酰胞壁酸等含量的；此外，产酸、产气、耗氧、黏度和产热等指标，有时也应用于生长量的测定。

（三）微生物生长阶段

1.延滞期

又称停滞期、调整期、适应期，指将少量菌种接入新鲜培养基后，在开始一段时间内菌数不立即增加或增加很少，生长速度接近于零，细胞形态变大或增多；酶合成迅速，为物质合成做准备，细胞内的 RNA 尤其是 rRNA 含量增高，原生质呈嗜碱性；合成代谢十分活跃，核糖体、酶类和 ATP 的合成加速，易产生各种诱导酶；对外界不良条件敏感，细胞在适应环境。

（1）特点：分裂迟缓、代谢活跃。生长速率常数为零、菌体粗大、RNA 含量增加、代谢活力强、对不良环境的抵抗能力下降。

（2）成因：调整代谢。微生物刚刚接种到培养基之上，其代谢系统需要适应新的环境，同时要合成酶、辅酶及其他代谢中间代谢产物等，所以此时期的细胞数目没有增加。

（3）实践意义：通过遗传学方法改变种的遗传特性使延滞期缩短；利用对数生长期的细胞作为种子；尽量使接种前后所使用的培养基组成不要相差太大；适当扩大接种量。

2.指数期

又称对数期，指在生长曲线中，紧接着延滞期的一段细胞数以几何级增长的时期。这一阶段，菌体细胞代谢旺盛，生长速率最快（常数 R 最大），数量急剧增加；细菌内各成分按比例有规律地增加，酶系活跃代谢旺盛。

（1）特点：生长速率最快、代谢旺盛、酶系活跃、活细菌数和总细菌数大致接近、细胞的化学组成形态理化性质基本一致。

（2）成因：经过调整期的准备，为此时期的微生物生长提供了足够的物质基础，同时外界环境也是最佳状态。

（3）实践意义：适宜作发酵菌种或提取初级代谢产物。

3.稳定期

又称恒定期或最高生长期。该期是细胞重要的分化调节阶段，储存糖原等细胞质内含物，芽孢杆菌在此阶段形成芽孢或建立自然感受态等。该期是发酵过程积累代谢产物的重要阶段，某些放线菌抗生素的大量形成也在此时期。

（1）特点：活细菌数保持相对稳定、总细菌数达到最高水平、细胞代谢产物积累达到最高峰、是生产的收获期、芽孢杆菌开始形成芽孢。

（2）成因：营养的消耗使营养物比例失调、有害代谢产物积累、pH 值和 Eh 值等理化条件不适宜。

（3）实践意义：稳定期是产物的最佳收获期，也是最佳测定期，通过对稳定期到来原因的研究还促进了连续培养原理的提出和工艺技术的创建。生产上常通过补充营养物质（补料）或取走代谢产物、调节 pH 值、调节温度、对好氧菌增加通气、搅拌或振荡等措施延长稳定生长期，以获得更多的菌体物质或积累更多的代谢产物。

4.衰亡期

营养物质耗尽和有毒代谢产物的大量积累，细菌死亡速率超过新生速率，整个群体呈现出负增长。该时期死亡的细菌以对数方式增加，但在衰亡期的后期，由于部分细菌产生抗性也会使细菌死亡的速率降低，仍有部分活菌存在。细菌代谢活性降低，细菌衰老并出现自溶，产生或释放出一些产物，如氨基酸、转化酶、外肽酶或抗生素等。细胞呈现多种形态，有时产生畸形，细胞大小悬殊，有些革兰氏染色反应阳性菌变成阴性反应等。

（1）特点：细菌死亡速度大于新生成的速度、整个群体出现负增长、细胞发生多行化，开始畸形、细胞死亡出现自溶现象。

（2）成因：主要是外界环境对继续生长越来越不利、细胞的分解代谢大于合成代谢，继而导致大量细菌死亡。

（3）实践意义：生产过程中要控制连续培养的速率及条件，避免或延迟消亡期的出现。

表 5-1　微生物生长 4 个阶段的比较

类别	延滞期	指数期	稳定期	衰亡期
时间	刚接种至进入快速分裂	快速分裂至动态稳定	稳定至开始减少	急剧减少至种群消亡
生长速率	几乎为零。一般不繁殖	最快。菌数以等比数列的形式增加（2^n）。繁殖率＞	几乎为零。繁殖率＝死亡率	下降。死亡率＞繁殖率
主要特征	代谢活跃，体积增长快，大量合成细胞分裂所需的酶类、ATP 及其他细胞成分。其长短与菌种、培养条件等	代谢旺盛，个体的形态和生理特性比较稳定，常作为生产用的菌种和科研材料	活菌数达到最高峰，种内斗争最激烈，细胞内大量积累代谢产物，特别是次级代谢产物，芽孢的形成也在此	细胞形态最多，甚至畸形，有些细胞开始解体，释放出代谢产物

（四）影响微生物生长的主要因素

1.温度

温度是影响微生物生长的一个重要因素。温度太低，可使原生质膜处于凝固状态，不能正常地进行营养物质的运输或形成质子梯度，因而生长不能进行。当温度升高时，细胞内的酶反应和代谢速率加快，生长速率加快。

然而当高于某一温度时，蛋白质、核酸和细胞其他成分就会发生不可逆的变性作用。因此，当温度在一个给定的范围内升高时，生长和代谢功能就会随之增加，但超过某一最大值后，失活反应开始发生，细胞功能急速下降到零。

温度对微生物生长的影响具体表现在：

（1）影响酶活性。温度变化影响酶促反应速率，最终影响细胞合成。

（2）影响细胞膜的流动性。温度高，流动性大，有利于物质的运输；温度低，流动性降低，不利于物质运输。因此，温度变化能影响营养物质的吸收与代谢产物的分泌。

（3）影响物质的溶解度。微生物总体上生长温度范围较广，但对每一种微生物来讲只能在一定的温度范围内生长。每种微生物都有3个基本温度：最低生长温度，低于这种温度微生物不再生长繁殖；最适生长温度，在此温度时生长速率最快；最高生长温度，在此温度以上微生物生长停止，出现死亡。微生物有各自的最适温度，一般是在20～70 ℃。个别微生物可在200～300 ℃的高温下生活。

各类微生物的适宜温度范围随其原来寄居的环境不同而异。根据微生物的最适生长温度范围，可将微生物粗略地划分为嗜冷微生物、嗜温微生物和嗜热微生物。

表5-2　微生物的生长温度类型

微生物类型		生长温度范围/℃			分布区域
		最低	最适	最高	
嗜冷微生物	专性嗜冷	-12	5～15	15～20	地球两极
	兼性嗜冷	-5～0	10～20	25～30	海洋、冷泉、冷藏食品
嗜温微生物	室温型	10～20	20～35	40～45	腐生环境
	体温型	10～20	35～40	40～45	寄生环境
嗜热微生物		25～45	50～60	70～95	温泉、堆肥、土壤

嗜冷微生物：最适生长温度在5～20 ℃，主要存在于长期寒冷的环境中，分布在地球的两极、冷泉、深海、冷冻场所及冷藏食品中。短时间处于室温下，它们很快就会被杀死。

嗜温微生物：最适生长温度在 20～40 ℃。自然界中绝大多数微生物均属于这一类。这类微生物的最低生长温度在10 ℃左右，低于10 ℃便不能生长；最高生长温度在 45 ℃左右。嗜温微生物分为寄生型和腐生型两类，最适生长温度相对较高（37 ℃左右）的为寄生型，如粪大肠菌群。有一些人类病原菌也属于此类。最适生长温度相对较低（25 ℃左右）的为腐生型，如黑曲霉、酿酒酵母、枯草芽孢杆菌等。

嗜热微生物：最适生长温度一般在 50～60 ℃。它们主要分布在草堆、堆肥、温泉和地热区土壤中。

了解微生物的生长温度，有助于我们对试验中与温度相关内容的理解。

第一，微生物的培养温度。一般选择其最适温度为该类微生物的培养温度，例如：细菌可在有氧条件下，37 ℃中放 18～24 h 生长；厌氧菌则需在无氧环境中放 2～3 d 后生长；个别细菌如结核菌要培养 1 个月之久。控制培养温度即可筛选其培养微生物的种类。这样我们就能理解为什么在开展总大肠菌群监测时，我们采用的是 37 ℃培养温度；而开展粪大肠菌群监测时，采用的是 44.5 ℃培养温度。总大肠菌群中的细菌除生活在肠道中外，在自然环境中的水与土壤中也经常存在，但在自然环境中生活的大肠菌群培养的最合适温度为 25 ℃左右，如在 37 ℃培养则仍可生长，但如将培养温度再升高至 44.5 ℃，则不再生长；而直接来自粪便的大肠菌群细菌，习惯于 37 ℃左右生长，如将培养温度升高至 44.5 ℃仍可继续生长。因此，可用提高培养温度的方法将自然环境中的大肠菌群与粪便中的大肠菌群区分。在 37 ℃培养生长的大肠菌群，包括在粪便内生长的大肠菌群称为“总大肠菌群”；在 44.5 ℃仍能生长的大肠菌群，称为“粪大肠菌群”（又称耐热大肠菌群），粪大肠菌群在卫生学上更具有重要的意义。

第二，微生物的保藏温度。当环境温度低于微生物的最适生长温度时，微生物的生长繁殖停止，当微生物的原生质结构并未破坏时，不会很快造成死亡并能在较长时间内保持活力，当温度提高时，可以恢复正常的生命活动。低温保藏菌种就是利用这个原理。开展微生物监测时，规定从取样到检验不宜超过 2 h，否则应使用 10 ℃以下的冷藏设备保存样品，且不得超过 6 h。一些细菌、酵母菌和霉菌的琼脂斜面菌种通常可以长时间地保藏在 4 ℃的冰箱中。

2.pH 值

各种微生物都有其生长的最低、最适和最高 pH 值。低于最低或超过最高生长 pH 值时，微生物生长受抑制或导致死亡。每种微生物都有一个可生长的 pH 值范围，以及最适生长 pH 值。不同的微生物最适生长的 pH 值不同。微生物的生长 pH 值范围极广，从 pH 值小于 2 至 pH 值大于 8 都有微生物能生长，但是绝大多数种类都生活在pH值5～9之间，只有少数微生物能够在pH值小于2或pH值大于10的环境中生长。大多数自然环境pH值为5～9，适合于多数微生物的生长。

根据微生物生长的最适pH值，将微生物分为以下几种。①嗜碱微生物：能够在pH值7.0～11.5范围内生长的微生物，通常分布在碱湖、含高碳酸盐的土壤等碱性环境中，例如：硝化细菌、尿素分解菌、多数放线菌；②耐碱微生物：许多链霉菌；③中性微生物：能够在pH值5.4～8.5范围内生长的微生物，包括绝大多数细菌，一部分真菌；④嗜酸微生物：能够在pH值5.4以下生长的微生物，例如：硫杆菌属、硫化叶菌属和热原体属；⑤耐酸微生物：乳酸杆菌、醋酸杆菌。

表5-3　微生物的生长pH值

微生物种类	最低pH值	最适pH值	最高pH值
细菌	5.0	7.0～8.0	10.0
大肠杆菌	4.3	6.0～8.0	9.5
枯草芽孢杆菌	4.5	6.0～7.5	8.5
金黄色葡萄球菌	4.2	7.0～7.5	9.3
霉菌	1.5	5.0～6.0	8.0
黑曲霉	1.5	5.0～6.0	9.0
一般放线菌	5.0	7.0～8.0	10.0
一般酵母菌	3.0	5.0～6.0	8.0

目前我们环境监测中所涉及的微生物指标，均属于中性微生物。在实际监测中，一些酸性或碱性污染物排放后，会直接影响水体中pH值的高低，也会影响微生物监测的结果。

此外，同一种微生物在其不同的生长阶段和不同的生理生化过程中，对环境pH值的要求也不同。在发酵工业中，控制pH值尤其重要。例如：黑曲霉在pH值为2.0～2.5范围时有利于合成柠檬酸；当在pH值为2.5～6.5范围内时以菌体生长为主；而在pH值为7.0时，则以合成草酸为主。

值得注意的是，虽然微生物能够生长的 pH 值范围比较广泛，但细胞内部的 pH 值却相当稳定，一般都接近中性。这是因为细胞内的 DNA、ATP 等对酸性敏感，而 RNA 和磷脂类等对碱性敏感，所以微生物细胞具有控制氢离子进入细胞的能力，维持细胞内环境中性。

3.溶解氧

氧对微生物的生命活动有着极其重要的影响。微生物对氧的需要和耐受能力，在不同类群中变化很大。根据它们和氧的关系可分为好氧微生物和厌氧微生物两大类。其中，好氧微生物又可分为专性好氧菌、兼性好氧菌和微好氧菌三种；厌氧微生物可分为耐氧厌氧菌和专性厌氧菌两种。

将这五种类型的微生物分别培养在含 0.7%琼脂的试管中，就会出现图 5-1 的生长情况。因此，培养不同类型的微生物时，要采用相应的措施保证微生物的生长。培养好氧微生物时，需震荡或通气，保证充足的氧气。培养厌氧微生物时，需排除环境中的氧气，同时在培养基中添加还原剂，降低培养基中的氧化还原电位。培养兼性厌氧或耐氧微生物时，可深层静止培养。

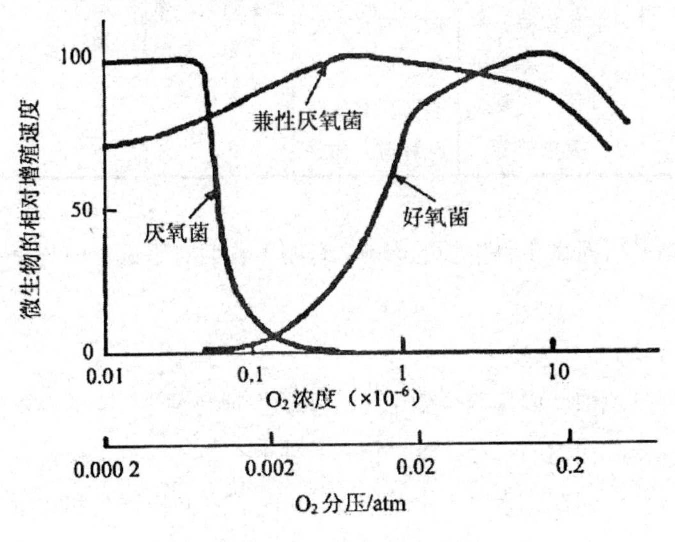

图 5-1　氧对微生物生长速率的影响

表 5-4　微生物与氧的关系

类型		最适生长的 O_2 体积分数	代谢类型
好氧	专性好氧	等于或大于 20%	有氧呼吸
	兼性好氧	有氧或无氧	有氧呼吸；无氧呼吸、发酵
	微好氧	2%～10%	有氧呼吸
厌氧	耐氧厌氧	不需要氧，但有氧存在无害	发酵
	专性厌氧	不需要氧，有氧时死亡	发酵、无氧呼吸

表 5-5　微生物分类和氧的需求

分类	专性好氧菌	兼性厌氧菌	微好氧菌	耐氧厌氧菌	专性厌氧菌
培养基界面	仅培养基表面和上层生长	培养基表面和内部均有生长，上层更好	培养基表面之下的某一区域	培养基下层比表面生长好	仅培养基底部生长
微生物	霉菌、产膜酵母、醋酸菌、假单胞菌、微球菌大部分、需氧芽孢杆菌、八叠球菌、无色杆菌、	大部分酵母、大部分细菌、肠杆菌科、葡萄球菌、气单胞菌、需氧芽孢杆菌一部分	霍乱弧菌、氢单胞菌、发酵单胞菌属	乳酸菌	梭状芽孢杆菌、拟杆菌属、甲烷球菌属

了解溶解氧对微生物生长的影响，有助于我们对于试验中与氧相关内容的理解。

4.营养物质

从外界环境中获取营养是微生物的重要生理特性之一。营养是生命活动的物质基础和新陈代谢的起点。微生物和其他所有生物一样，在营养要求上有着高度的统一性，即在元素水平上都需要 20 种左右同样种类和数量的元素，而在营养要素水平上则都有相似的六大类，包括碳源、氮源、能源、生长因子、无机盐和水。微生物培养基的选用、设计、改进和配制是在微生物营养理论指导下的一个实践过程。

表 5-6　微生物和动物、植物所需营养要素的比较

要素	动物（异养）	微生物		植物（自养）
		异养	自养	
碳源	糖类、脂肪等	糖、醇、有机酸等	CO_2、碳酸盐	CO_2、碳酸
氮源	蛋白质或其降解物	蛋白质或其降解物、有机氮化物、无机氮化物、氮	无机氮化物、氮	无机氮化物
能量	同碳源	同碳源	氧化无机物或利用日光能	利用日光能
生长因子	维生素	部分微生物需维生素等生长因子	不需	不需
无机元素	无机盐	无机盐	无机盐	无机盐
水分	水	水	水	水

培养基中营养物质的组成不同，往往对微生物生长有很大的影响。同一种微生物，在不同的氮源、碳源组成的培养基中，在相同的培养时间内其生物量的增加可以相差很大，甚至有的不能生长。

为了培养不同的微生物，必须有适用于不同微生物的培养基。所有的培养基在配制时都要注意以下几点：

（1）含有可被迅速利用的碳源、氮源、无机盐以及其他成分。

（2）含有适量的水分。

（3）调至适合微生物生长的 pH 值。

（4）具有适合的物理性能，例如透明度、固化性。目前培养基的配制是微生物监测质量控制的关键环节之一，相关要求如下：

第一，每批培养基在使用前，需经无菌检验。可将培养基置于 37 ℃培养箱培养 24 h 后，证明无菌，同时再用已知菌种（例如标准菌株）检查在此培养基上生长繁殖情况，符合要求后方可使用。

第二，对每批培养基，要做阳性和阴性对照培养检查试验。

第三，配制每批培养基均要做好记录，登记配制日期，批次，培养基名称、成分、pH 值、灭菌条件、配制方法及配制人。配制好的培养基，不宜存放过久，以少量配制为宜。

三、微生物监测的基本项目

（一）项目种类

目前我们已经开展的微生物监测项目可以分为三大类：粪便污染指示菌的监测、微生物菌种（致病菌和环境菌）的鉴定和微生物毒性检测。

1.粪便污染指示菌的监测

粪便中肠道病原菌对水体污染是引起霍乱、伤寒等流行病的主要原因。沙门氏菌、志贺氏菌等肠道病原菌数量少，检出困难，因此要想把直接检测病原菌作为常规的监测手段，对大多数监测站来说，无论是软、硬件上均有一定难度。所以，目前大部分是检验与病原菌并存于肠道且具有相关性的“指示菌”数量，来判断水质污染的程度和饮用水的安全，包括细菌总数、总大肠菌群数、粪大肠菌群数（耐热大肠菌群数）、大肠埃希氏菌群数、粪链球菌群数等。

2.微生物菌种（致病菌和环境菌）的鉴定

自然界中微生物资源极其丰富，在环境中的利用前景也十分广阔。但由于微生物发现相对较晚，加上微生物种类鉴定技术及种类划分的标准等问题较复杂，至今已被研究和记载的还不到总量的 10%。随着微生物监测技术的发展，尤其是分子生物技术的引入，16S rRNA 分析已经成为微生物鉴定中常采用的方法之一。结合传统的形态学观察、培养筛选、生理生化分析、药敏试验及分子生物技术，开展微生物菌种鉴定与分析工作已经成为环境微生物监测的下一个热点工作。目前已经开展的微生物菌种鉴定包括致病菌的鉴定和环境菌的鉴定，包括：金黄色葡萄球菌、沙门氏菌、志贺氏菌、溶血性链球菌、酵母菌、铁细菌、霉菌、硫酸还原菌。

3.微生物毒性检测

人们在生活中不断地与环境中的各种化学物质接触，这些物质对人类影响与危害怎样，特别是致癌效应如何，是人们普遍关心的问题。采用传统的动物实验和流行病学调查法已经远远不能满足需求，至今世界上已发展了数百种快速测试方法，其中发光菌综合毒性试验和污染物致突变性检测（Ames 试验）应用最广，其测试结果不仅可以反映化学物质的毒性和致突变性，而且可以反映其对环境的综合效应。

Ames 试验：由美国艾姆斯（Ames）教授于 1975 年建立。其原理是利用鼠伤寒沙门氏菌组氨酸营养缺陷型菌株发生回复突变的性能检测物质的突变性。这种试验准确性高，周期短，方法简便，可以反映多种污染物联合作用的总效应。人们称此法是一种良好的致突变物与致癌物的初筛报警手段。

发光菌综合毒性试验：利用发光菌的发光强度高低来监测环境中的有毒污染物，反映水体综合毒性的微生物监测方法。发光细菌是一类非致病菌的革兰氏阴性兼性厌氧细菌，在适宜条件下培养会发出蓝绿色的可见光，当发光细菌接触有毒污染物时，细菌的新陈代谢会受到影响，发光强度可减弱或熄灭，发光强度的变化可用发光检测仪测定。

（二）基本项目

1.细菌总数

细菌总数是指 1 mL 水样在营养琼脂培养基中，于 37 ℃经 24 h 培养后，所生长的细菌菌落的总数。监测意义：菌落数和水体受有机物污染的程度呈正相关。作为一般性污染的指标，可评价被检样品的微生物污染程度和安全性。水样菌落总数越多，说明水被微生物污染程度越严重，病原微生物存在的可能性越大，但不能说明污染的来源。监测方法：平板法、“3M”纸片法等，以传统的平皿法应用最为广泛。由于没有单独的一种培养基能满足水样中所有细菌的生理要求，所以由此法所得的菌落数实际上要低于被测水样中真正存在的活细菌的数目。

2.大肠菌群

大肠菌群是根据检测技术来定义的。大肠菌群（多管发酵法）是指一群需氧或兼性厌氧的，37 ℃生长时能使乳糖发酵产酸产气的革兰氏阴性无芽孢杆菌。该菌群细菌可包括大肠埃希氏菌、柠檬酸杆菌、产气克雷伯氏菌和阴沟肠杆菌等。大肠菌群（酶底物法）指一群需氧或兼性厌氧的，能在 37 ℃生长，从而使培养液呈现颜色变化的细菌群。大肠菌群并非细菌学分类命名，而是卫生细菌领域的用语，它不代表某一个或某一属细菌，而是指具有某些特性的一组与粪便污染有关的细菌。无论是多管发酵法，还是酶底物法，其归根结底都是 MPN 法，是以最大或然数来表示试验结果的。实际上它是根据统计学理论，估计水体中的大肠杆菌密度和卫生质量的一种方法。其检测意义为：作为描述粪便污染的指标，大肠菌群数的多少，表明了被粪便污染的程度，间接地表明有肠道致病菌存在的可能，从而反映了对人体健康潜在危害性的大小。如果从理论上考虑，并且进行大量的重复检定，可以发现这种估计有大于实际数字的倾向。不过只要每一稀释度试管重复数目增加，这种差异便会减少，对于细菌含量的估计值，大部分取决于那些既显示阳性又显示阴性的稀释度。因此，在实验设计上，水样检验所要求重复的数目，要根据所要求数据的准确度而定。

开展大肠菌群监测时，要区分总大肠菌群、粪大肠菌群、耐热大肠菌群、大肠杆菌、大肠埃希氏菌等的基本含义。

（1）总大肠菌群：指一群需氧或兼性厌氧的，37 ℃生长时能使乳糖发酵，在 24 h 内产酸产气的革兰氏阴性无芽孢杆菌。

（2）粪大肠菌群：是指在 44.5 ℃温度下能生长并发酵乳糖产酸产气的大肠菌群，又称耐热大肠菌群。

（3）大肠埃希氏菌：通常称为大肠杆菌，是埃舍里希（Theodor Escherich）在 1885 年发现的，大多数是不致病的，主要附生在人或动物的肠道里，为正常菌群；少数的大肠杆菌具有毒性，可引起疾病。

大肠菌群（多管发酵法）的主要监测方法包括：MPN法、酶底物法、滤膜法、“3M”纸片法等。试验所需器材与试剂包括：水样、90 mL无菌水、9 mL无菌水、5 mL乳糖蛋白胨，10 mL吸管、1 mL吸管、酒精灯、吸球、EC肉汤。主要检验程序：国家标准采用三步法，即乳糖发酵试验、分离培养和证实试验；美国食品药品监督管理局标准采用两步法，即推测试验、证实试验。根据证实为大肠杆菌阳性的管数，查MPN表，报告每100 mL（g）大肠菌群的MPN值。

目前酶底物法在全球广泛地使用在检测水中大肠杆菌群以及大肠杆菌。在美国，90%以上的实验室使用酶底物检测技术。在我国环境监测系统，酶底物技术日益普及，各级使用此法的监测站达到百余家，遍布全国各地。

四、微生物监测的技术

（一）显微技术

微生物是一类肉眼无法辨别的微小生物，因此我们必须依靠各种光学显微镜和电子显微镜才能观测到它们的形态结构和特征。其中常用的包括明视野显微镜、暗视野显微镜、相差显微镜和荧光显微镜。掌握不同显微技术对于成功开展各个微生物监测项目是十分重要的。

1.显微镜结构

光学显微镜是利用光学原理，把人眼所不能分辨的微小物体放大成像，以供人们提取微细结构信息的光学仪器。光学显微镜一般由载物台、聚光照明系统、物镜、目镜和调焦机构组成。

载物台用于承放被观察的物体。利用调焦旋钮可以驱动调焦机构，使载物台作粗调和微调的升降运动，使被观察物体调焦清晰成像。它的上层可以在水平面内作精密移动和转动，一般都把被观察的部位调放到视眼中心。

聚光照明系统由灯源和聚光镜构成，聚光镜的功能是使更多的光能集中到被观察的部位。照明灯的光谱特性必须与显微镜的接收器的工作波段相适应。

物镜位于被观察物体附近，是实现第一级放大的镜头。在物镜转换器上同时装着几个不同放大倍率的物镜，转动转换器就可让不同倍率的物镜进入工作光路，物镜的放大倍率通常为5～100倍。

显微镜一般结构由上到下依次是：目镜、镜筒、转换器、粗焦螺旋、细准焦螺纹、物镜、镜臂、载物台、压片夹、通光孔、遮光器、反光镜、镜座。

2.正确使用步骤

（1）取显微镜时，必须双手拿显微镜。一只手拿镜臂，另一只手托住镜座，并保持镜身上下垂直，切不可一只手提起，以免坠落和甩出反光镜及目镜。将显微镜放在自己身体的左前方，离桌子边缘10 cm左右，右侧可放记录本或绘图纸。

（2）必要时，只能使用擦镜纸或镜头清洗剂来清洁所有镜头。不要使用面巾纸，它们会刮花镜头。

（3）使用油镜之前须知以下顺序，先用低倍镜找到被检物，然后转换成高倍镜，将被检物观察的部位移至视野中心，然后转换油镜观察。

（4）由于油镜工作距离很短，因此用粗条路螺旋下降镜筒时，一定要从侧面注视油镜头移动情况，在进行观察时，只能在油镜头提升过程找物像，而绝不能用粗调螺旋或细调螺旋将镜头下降，以防镜头与标本相碰撞。

（5）显微镜使用完毕后，将低倍物镜对准目镜，将镜筒降到最低位置，用擦镜纸和清洁器清除油镜上的油，然后将显微镜放回存放处。

（二）细菌染色技术

染色是细菌学上一个重要而基本的操作技术。因细菌细胞小而且透明，当把细菌悬浮于水滴内，用光学显微镜时，由于菌体和背景没有显著的明暗差，因而难以看清它们的形态，更不易识别其结构，所以用普通光学显微镜观察细菌时，往往要先将细菌进行染色，借助于颜色的反衬作用，可以更清楚地观察到细菌的形状及其细胞结构。

用于微生物染色的染料是一类苯环上带有发色基团和助色基团的有机化合物。发色基团赋予化合物颜色特征，助色基团则赋予化合物能够成盐的性质。染料通常都是盐，分酸性染料和碱性染料两大类。在微生物染色中，碱性染料较常使用，如美蓝、结晶紫、碱性复红、沙黄、孔雀绿等都属于碱性染料。其中，革兰氏染色是微生物实验中最有价值和应用最为广泛的方法之一。

1.染色原理和机制

革兰氏染色法是细菌学中最重要的鉴别染色法，通过革兰氏染色可把细菌区分为革兰氏阳性菌（G^+）和革兰氏阴性菌（G^-）两大类。由于G^+细菌和G^-细菌细胞壁化学成分的差异，引起了两者对染料（紫色结晶紫-碘复合物）物理阻留能力的不同，最终因G^+细菌的细胞壁阻留了紫色染料，故呈紫色，而G^-细菌则褪成无色，再经沙黄（番红）复染后呈红色。

2.基本步骤

革兰氏染色的基本步骤：①用结晶紫初染；②经碘液初染；③用 95%乙醇脱色；④用番红复染。经过此法染色后，细胞保留初染剂蓝紫色的细菌为革兰氏阳性菌；如果细胞染上复染的红色的细菌则为革兰氏阴性菌。所需试剂和器具包括：结晶紫、卢戈碘液、95%乙醇、酸性复红、生理盐水、酒精灯、载玻片、滤纸。主要步骤如下：

（1）涂片：用接种环挑取菌落，生理盐水一滴，涂匀。

（2）热固定：通过火焰若干次。

（3）初染：结晶紫一滴，1 min，水洗。

（4）媒染：卢戈碘液一滴，1 min，水洗。

（5）脱色：95%乙醇，30 s 或至无色为止。

（6）复染：复红一滴，30 s。

（三）灭菌技术

在微生物实验中，尤其是在接种、培养过程中，不能有任何杂菌污染，因此必须对所用器材、培养及工作场所进行灭菌和消毒。灭菌是指杀死一定环境中的微生物，包括微生物的营养体、芽孢和孢子。实验室常用的灭菌方法包括：直接灼烧、恒温干燥箱灭菌、高压蒸汽灭菌、间歇灭菌、煮沸灭菌等。这些方法的基本原理是通过加热使微生物体内蛋白质凝固变性，从而达到灭菌的目的。所谓消毒，是指消除附着在器具或食品中的有害（或者引起疾病，或者使食品腐烂）的微生物，但消毒不一定能消灭全部微生物。

1.干热空气灭菌法

干热空气灭菌是在电热干燥箱内利用高温干燥空气（160～170 ℃）进行灭菌，它利用高温使微生物细胞内的蛋白质凝固变性而达到灭菌目的。此法适用于玻璃器皿如移液管、试管和培养皿的灭菌。培养基、橡胶制品、塑料制品不能采用干热空气灭菌。

2.高压蒸汽灭菌

高压蒸汽灭菌是将物品放在密闭的高压蒸汽灭菌锅内，在一定的压力下保持 15～30 min 进行灭菌。此法适用于培养基、无菌水、工作服等物品的灭菌，也可用于玻璃器皿的灭菌。实验室常用的灭菌锅有非自控手提式高压蒸汽灭菌锅和自控式灭菌锅，具体操作步骤包括：加水、装料、加盖、排气、升压、保压和降压。此外，针对灭菌的培养基需根据要求开展无菌检查。

3.过滤除菌法

有些物质，如抗生素、血清、维生素、糖溶液等采用加热灭菌法时，容易受热分解而被破坏，因而要采用过滤除菌法。过滤除菌法是通过机械作用滤去液体或气体中细菌的方法，该方法最大的优点是不破坏溶液中各种物质的化学成分。过滤除菌法除实验室用于溶液、试剂的除菌外，在微生物工作中使用的净化工作台也是根据过滤除菌的原理设计的，可根据不同的需要来选用不同的滤器和滤板材料。

4.无菌操作技术

无菌操作技术主要是指在微生物实验工作中，控制或防止各类微生物污染及其干扰的一系列操作方法和有关措施，其中包括无菌环境设施、无菌实验器材及无菌操作方法。一般是在无菌环境条件下，使用无菌器材进行检验或实验过程中，防止微生物污染和干扰的一种常规操作方法。无菌操作的目的，一是保持待检物品不被环境中微生物所污染，二是防止被检微生物操作中污染环境和感染操作人员，因而无菌操作在一定意义上讲又是安全操作。无菌操作技术不仅在微生物学研究和应用上起着举足轻重的作用，在许多生物技术中也被广泛应用，例如转基因技术、单克隆抗体技术等。

（1）无菌环境

无菌室是微生物实验室内专辟的一个小房间，室外设一个缓冲间，缓冲间的门和无菌室的门不要朝向同一方向，以免气流带进杂菌。无菌室和缓冲间都必须密闭，无菌室内的地面、墙壁必须平整，不易藏污纳垢、便于清洗，室内装备的换气设备必须有空气过滤装置。工作台的台面应该处于水平状态，无菌室和缓冲间都装有紫外线灯（距离工作台面 1 m），工作人员进入无菌室应穿戴灭过菌的服装、帽子。超净台，主要功能是利用空气层流装置排除工作台面上部包括微生物在内的各种微小尘埃，通过电动装置使空气通过高效过滤器具后进入工作台面，使台面始终保持在流动无菌空气控制之下。在条件较困难的地方，也可以用木制无菌箱代替超净台（正面开有两个洞，不操作时用推拉式小门挡住，操作时可以将双臂伸进去；正面上部装有玻璃，便于在内部操作，箱内部装有紫外线灯，从侧面小门可以放进去器具和菌种、细胞株等）。

（2）无菌器材

无菌器材是无菌技术的主要组成部分，微生物检验和实验用器材可分为两类。第一类是器材灭菌，凡是检验中使用的器材，能灭菌处理的必须灭菌。第二类是消毒器材，凡是检验用器材无法灭菌处理的，使用前必须经消毒处理。

（3）无菌操作方法

除无菌环境、无菌器材，对于监测人员来说需要掌握必要的无菌操作方法。无菌操作过程中要注意：

①在操作中不应有大幅度或快速的动作；②使用玻璃器皿应轻取轻放；③在火焰上方操作；④接种用具在使用前、后都必须灼烧灭菌；⑤在接种培养物时，协作应轻、准；⑥不能用嘴直接吸吹吸管；⑦带有菌液的吸管、玻片等器材应及时置于盛有消毒剂的消毒容器内消毒。

第六章　水环境监测技术的应用

第一节　离子色谱技术的应用

一、离子色谱技术概述

离子色谱技术是液相色谱技术的分支，相比传统监测技术，其试样用量较少，前期处理难度较低，监测结果灵敏度较高，可同时进行测定，这种技术优势使其被广泛应用于环境监测、工业生产、食物监测和生物医药等领域。离子色谱技术主要依靠离子色谱仪来完成检测工作，离子色谱仪由输送系统、进样系统、分离系统、衍生系统、检测系统、仪器控制系统和数据采集系统等模块构成，不同模块之间相互配合，快速完成离子筛选、检测和峰面积定量计算等任务。较为简单的技术构成和便捷的操作流程极大地满足了不同场景检测需求。

离子色谱技术实用性较强，根据分离机制，可以形成离子交换色谱、离子排斥色谱和离子对色谱等差异化的检测模式。检测模式的多元化使得使用离子色谱技术可以快速开展各类检测工作。例如，离子色谱技术被用于检测水体中的无机阴离子，技术人员通过获取离子交换色谱，准确判定无机阴离子的含量，实现无机阴离子判定结果精准度与有效性兼顾。在水环境监测中，离子色谱技术可以在 10 min 内完成对铁离子、氯离子、钠离子、钾离子、钙离子和镁离子的检测，较短的检测周期提升了水环境监测的实时性，技术人员可以根据监测任务的不同，调整离子色谱仪参数，在合理的周期内完成目标离子的检测。

我国水体环境较为复杂，水体内含有不同浓度的多种离子，离子性状的差异要求检测过程兼顾各种离子属性，对离子色谱技术的检测精度进行调控，避免离子浓度过大或者过小。随着技术的发展，离子色谱分析精度提升，科学管控可以最大限度地消除误差，保证离子色谱技术的检测精准度。

二、离子色谱技术在水环境监测中应用的问题

（一）输液系统操作不当

输液系统是离子色谱仪的重要组成部分，由于日常操作不规范，输液系统内可能混有大量气泡，影响自身的稳定性，造成检测精度下降。在实际操作过程中，技术人员需要按照相关要求，排出输液系统的气体。从实践来看，水环境监测过程中，离子色谱仪出现压力过高现象的概率较高，如果输液系统内部压力没有得到及时处理，势必会导致保护柱、色谱柱和检测池发生污染、堵塞等问题。输液系统压力过大的原因在于，输液系统内混入杂质，使得内部原有的单向阀出现堵塞，如果在短时间内没有妥善解决，势必影响离子色谱仪的稳定性。

（二）基线存在漂移

离子色谱仪在水环境监测中会发生基线漂移，影响离子色谱技术的实用性，妨碍水环境的日常管理。诱发离子色谱仪基线漂移的原因是多方面的，如温度波动、流动相不均匀、电导池污染、色谱柱不平衡和试剂变质等，使得基线难以实现精准控制，影响离子色谱技术的应用成效。当离子色谱仪的环境温度变化较大时，其内部结构稳定状态被打破。

（三）分离难以满足要求

在多种因素的影响下，离子色谱仪极易出现分离度不高、分析重现性差等问题，如果没有采取恰当的措施，将会影响离子色谱技术的实用性，难以为水环境监测提供技术支撑。例如，在操作过程中，淋洗液浓度控制不当，过高或者过低均会影响原始样品的离析能力，导致离子色谱技术的应用偏差。在水环境监测过程中，一旦操作人员没有严格按照操作要求，对试剂、去离子水进行质量控制，将会使得试样的氯离子含量上升，导致离子分析误差增加。

上述问题的存在影响离子色谱技术在水环境监测中的应用效果，妨碍后续水环境管理工作的开展。基于离子色谱技术在水环境监测中应用的必要性，操作人员应当坚持问题导向，掌握技术应用问题，转变思路，创新方法，积极推动离子色谱技术在水环境监测中的科学化、高效化应用。

三、离子色谱技术在水环境监测中的应用策略

（一）应用原则

在水环境监测中，操作人员要坚持科学性原则和实用性原则，制定合理的技术应用方案，有效调整离子色谱仪参数，确保离子色谱技术的精准应用，切实满足现阶段水环境监测需求。操作人员要严格遵循离子色谱技术规范，科学维护离子色谱仪，避免出现设备管理不佳、参数调控不科学等问题，以提升水环境监测能力。离子色谱技术是水环境监测的重要技术路径，基于水环境的复杂性和监测内容的多样性，操作人员应当将离子色谱技术与水环境监测有机融合，形成体系化、流程化的技术应用模式，避免离子色谱技术在使用过程中出现技术盲区，影响实际监测效果。同时，水环境监测对离子色谱技术的时效性有较高要求，操作人员需要建立完善的离子色谱技术应用模式。

（二）应用策略

在水环境监测中，操作人员要做好抑制器安装，做好离子色谱仪关停，并定期做好设备维护保养。抑制器可以避免离子色谱仪突然关停而造成设备运行质量下降。离子色谱仪需要定期做好维护，及时更换再生液、淋洗液等，以确保设备运行的可靠性。

水环境监测对于保护自然生态环境、提升居民生活质量有着重要的应用价值。针对当前水环境监测工作中存在的不足，可以尝试应用离子色谱技术，并针对当前离子色谱技术应用中表现出的例如输液系统操作不当、基线存在漂移、分离难以满足要求等问题，应采用针对性的方法进行改进。针对输液系统中的气泡问题，可以及时打开废气阀，通过放空压力的方式，保证液体能够及时排出，并在排放 4 min 左右之后关闭阀门。针对系统内部压力过大的问题，可以采用卸下单向阀门的方法，使用水浴超声波清洗装置清洁阀门，在确定解决堵塞问题之后，再重新进行安装。如果内部压力过高，可更换色谱柱过滤网，通过保证过滤网的顺畅程度而减小压力。如果系统内部压力过大问题依然无法得到彻底解决，可以分析系统的流速，反复使用淋洗液清洗检测池，并根据堵塞的程度反复进行冲洗操作，直至达标为止，以保证系统内的压力数值能够控制在合理范围内。为提升离子色谱技术的应用水平，还应定期做好监测设备的检修，定期更换自动进样器和淋洗液，在监测过程中还要注意确保室内温度保持恒定。如果离子色谱仪的抑制器长期处于关机状态，应注意防止抑制器出现漏液，影响抑制作用的发挥。通过以上方式可提升离子色谱技术在水环境监测中的应用效果。

第二节　气相色谱技术的应用

一、气相色谱法概述

（一）气相色谱法的内涵

气相色谱法是 20 世纪中叶的一项伟大发明，也是目前色谱法中应用较为广泛的一种分析法。其依托于惰性气体，将样品放入气相色谱仪中进行分析。这种方法比较适用于固体、气体混合物及易挥发液体检测，分离效果极佳。

（二）气相色谱法的分类

气相色谱法可分为气固色谱法和气液色谱法。色谱实施办法和方式存在差异，所以气相色谱应该是一种柱色谱，可把其分成毛细管柱与普通填充柱。一般而言，填充柱就是将固定相装在一个金属管道或者玻璃里面，应对其管道内径加以严控，一般是高于 2 mm，低于 6 mm。由此能使气体在管道里面出现变化，并借助加热形成毛细管道，从而得到精准的数据。

（三）气相色谱法的优缺点

1.气相色谱法的优点

①应用范围广，能分析气体、液体和固体。②灵敏度高，可测定痕量物质，可进行微量级的定量分析，进样量可在 1 mg 以下。③分析速度快，仅用几分钟至几十分钟就可完成一次分析，操作简单。④选择性高，可分离性能相近物质和多组分混合物。

2.气相色谱法的缺点

在对组分直接进行定性分析时，必须用已知物或已知数据与相应的色谱峰进行对比，或与其他方法（如质谱、光谱）联用，这样才能获得直接肯定的结果。在定量分析时，常需要用已知物纯样品对检测后输出的信号进行校正。

二、气相色谱仪的原理及结构

（一）气相色谱仪的原理

气相色谱仪利用试样中各组分在气相和固定液液相间分配系数的不同，当气化后的试样被载气带入色谱柱中运行时，组分就在其中两相间进行多次分配，固定相对各组分的吸附或溶解能力不同，各组分在色谱柱中的运行速度就不同；经过一定的柱长后，便彼此分离，按顺序离开色谱柱进入检测器，产生的离子流信号经放大后，在记录器上描绘出各组分的色谱峰。

（二）气相色谱仪的结构

气相色谱仪由以下五个部分组成：①载气系统，包括气源、气体净化装置、气体流速控制和测量装置；②进样系统，包括进样器、汽化室；③色谱柱和柱温，包括恒温控制装置，恒温控制装置是将多组分样品分离为单个；④检测系统，包括检测器和控温装置；⑤数据处理系统，包括放大器、记录仪或数据处理装置、工作站。

三、气相色谱技术在水环境监测中的应用

使用传统监测法监测水环境，存在检测时间过长、试剂耗用过度及多组分无法一起检测等各种问题。当前，气相色谱技术在水环境监测中的应用愈发成熟，在地表水与废水等多类水环境监测中获得良好运用，使多组分无法一起高速有效测定的问题得以解决，为水环境监测提供了有力的技术支持。

（一）气相色谱技术在分析水中半挥发性有机物中的应用

半挥发性有机物（SVOCs）是环境中氯苯类、硝基苯类、苯酚类、邻苯二甲酸酯类等化合物的泛称。由于 SVOCs 种类复杂，各组分的理化性质相差较大，在采用传统液液萃取处理方式处理水样时，需分类处理，试剂消耗大，且费时费力，对实验人员的伤害也较大。近年来，固相萃取-气相色谱技术在水环境监测领域得到了广泛的应用。

固相萃取法与气相色谱/质谱联用，发挥了各自的优势，使水环境监测技术水平迅速得到提高。随着水资源污染的日益严重，水源水和饮用水中有机物的分布日趋复杂。这些有机污染物理化性质相差甚远，在一次分析中同时对各有机物进行确认和定量是水源水和饮用水质量分析的必然要求。固相萃取技术与气质联用的方法，同时测定水中多种半挥发性有机物，不仅准确度高，还具有操作简单、效率高、溶剂使用少等优点。

蒋伯成等提出对不同类型的化合物用不同固相萃取柱萃取的方法，农药和碱中性化合物用 C18 柱萃取，酚类化合物用美国沃特世（Waters）公司的 Oasis HLB 柱萃取。确定了测定水样及组分的最佳萃取条件，建立了系统的半挥发物富集方案，使用 DB-5（30 m×0.25 mm×0.25 μm）毛细管柱和日本 QP-5000GC-MS 系统进行分析，为松花江水中有机毒物的分析测定提供了有效的样品处理方法。周雯等对 24 个代表性采样点的水源水样品进行监测，用 C18 柱萃取，应用 DB-SMS（30 m×0.25 mm×0.25 μm）弹性石英毛细管柱和美国 Finniganmat 公司的 VogagerGC/MS 系统（EI 源：70 eV，质量扫描范围：45～450 amu）鉴定出 17 种有机物。

（二）气相色谱技术在检测水中农药中的应用

农药是为保障促进作物成长而施用的杀虫、除草等药物的统称。《地表水环境质量标准》（GB 3838—2002）和《生活饮用水卫生标准》（GB 5749—2006）中对要求检测的农药进行了明确规定。有不完全数据显示，农药现阶段总计大约有 6 300 多类。在水质有机物监测中应用气相色谱法，可以同步定量检测分析样品中各种农药残留物，具有快速定性的优点，能在检测水质农药残留物时起到十分关键的作用。全球各国水质检测机构与实验室都早就对气相色谱法在水中农药检测的应用进行了开发和运用，同时借助新的电离方法的引进，如负化学电离源（negative chemical ionization, NCI）显著增强了气相色谱法分析农药残留物的准确性。气相色谱法对水质样品里的农药残留物进行分析前，需要通过液液萃取或者浓缩净化提取对样品进行前处理。主要的样品提取溶剂包括丙酮、二氯甲烷及乙酸乙酯等，因为二氯甲烷的致癌性强，所以实验时基本采用的是乙腈与丙酮混合液，其提取效率更高、污染更小。

（三）气相色谱技术在分析水中有机金属化合物中的应用

气相色谱法测定甲基汞的传统方法是采用电子捕获器，使用聚丁二酸乙二醇酯（DEGS）、苯基（50%）甲基硅酮（OV-17）或聚乙二醇 20000（PEG-20M）制作固定相，即 GC-ECD（gas chromatography-electron capture device，气相色谱-电子捕获法）法。GC-ECD 法的优点是灵敏度高、速度快、应用范围广、所需试样量少等，因此得到较多应用。杨作格对比 ICP-MS、FIMS 和 GC-ECD 三种方法，发现 GC-ECD 检测限最低，达 4 ng/L，基体加标回收率为 87.0%～91.0%。GC（gas chromatography，气相色谱法）色谱柱一般选择填充柱或毛细管柱。填充柱巯基棉制备过程烦琐，且重现性和柱效较差；毛细管柱虽容量低，但分辨率很高，材质惰性好，不需要定期清理柱处理液，更适于推广。祁辉等用巯基棉富集-甲苯萃取-毛细管柱气相色谱法测定水中甲基汞，标准浓度在 10～200 ng/mL 内线性良好，基体加标回收率在 90.3%～103.5%，甲基汞在水中最低可检出 0.6 ng/L。不过在使用此方法时，色谱柱极易被污染，由此分离成效将跟着时间推移逐渐弱化，干扰峰与色谱峰会对检测产生影响，所以应该选用某些特殊方式来消除以上干扰。GC-ECD 极度缺乏专属性，原因在于存在多种干扰因素，所有带电负性组分均存在影响检测结果的可能，所以对所用化学试剂及被测组分纯净度方面提出极高要求，由此检测过程中的提纯与萃取步骤更为复杂。

（四）气相色谱技术在分析水中其他传统污染物中的应用

气相色谱法近些年被不少学者应用于对水环境中的石油类、酚类、氰化物及苯胺等其他传统污染物进行检测。张欢燕等以气相色谱法来分析测定水环境中石油类成分的方法，主要是吹扫捕集法与液液萃取富集法，利用氢火焰离子化检测器来展开测定。秦樊鑫等提出将工业废水样品中的挥发性酚预先用溴衍生化后用环己烷萃取分离，分取部分萃取液做气相色谱分析的方法。用此方法测定了苯酚、邻甲酚、间甲酚及对甲酚 4 种挥发酚，所测得的线性范围分别为 0.008～80 μg/L、0.010～100 μg/L、0.0l8～100 μg/L、0.012～100 μg/L。此方法具有回收率高、偏差小的特点。郭瑞雪确定了检测水环境里氰化物的一种顶空气相色谱法，把氰化物衍生化之后，利用气相色谱法再进行测定，得到良好的线性关系，检测办法高效快捷。

四、气相色谱技术在水环境分析监测中的应用展望

气相色谱技术在水环境分析监测中应用的发展主要体现在以下几个方面：①开发与其他新技术的联用方法，如衍生化、微萃取技术、质谱技术等，不断优化监测技术，更好地对水环境进行监测；②色谱柱是气相色谱的基础，开发选择性高、成本低的专用色谱柱对水环境中更多项目的同时监测意义重大；③与评价软件的联合应用能使气相色谱技术更好地服务于水环境监测，为做出正确决策提供更快速的信息支持；④气相色谱仪小型化（芯片化、模块化）和自动化发展能为应急监测提供良好的技术支撑。

第三节　无人机技术的应用

一、无人机系统组成

无人机系统主要由无人机平台、飞行控制系统及机载遥感设备系统等部分组成。无人机系统作为监测的载体，主要有无人直升机、无人固定翼及无人飞艇三种平台。飞行控制系统主要负责飞行控制与管理，是无人机的核心系统，对其飞行性能至关重要。它一般分为机上和地面两部分，机上部分包括稳定姿态控制、飞行轨迹与导航控制、自主飞行控制等；地面部分包括实时影像的接收与显示及获取的影像数据处理终端等飞行过程的监控与显示、飞行定位、起降等操作指令系统等。机载遥感设备控制系统是由数字相机、单轴稳定平台、遥感设备控制系统等组成，同时还可根据应用领域需要，搭载诸如二氧化硫、臭氧等环境类或湿度、温度等气象类指标仪器。

二、无人机在水环境监测中的应用及优势

（一）地表水水质监测

传统水质监测现场采样需要人工乘船至野外湖心等点位采样，存在安全隐患，同时消耗大量人力、财力、物力，且用时较长。给无人机挂载采样器，可以使其飞至指定地点上方采集水样。采样人员在岸边操作，确保安全的同时也可以避免在鸟类自然保护区、疫区等特殊环境下采样对周边造成的干扰。马轮基等使用无人机遥感监测武汉市东湖的部分水域，得到研究水域的水色差异情况图并分析对应湖区水质。常婧婕等用无人机搭载的高光谱成像设备对八里湖

水域进行水体光谱数据的采集，对叶绿素、悬浮物、总磷、总氮等多参数进行监测。

（二）水生态调查及管理

无人机可以完成高难度的水环境现场勘查等任务，为环境管理工作提供依据。使用传统方法对现场进行水资源调查踏勘受野外复杂环境限制时，使用无人机航拍高清图代替人力勘查，能更加快速确定河段水情、流向、植被等周边环境。侍昊等利用无人机搭载多光谱相机，通过影像特征变换结合面向对象分类的方法监测城市黑臭水体，获得较高分类精度的城市水环境信息，为黑臭水体的监管提供技术支撑。王祥等利用无人机监测辽宁红沿河核电站温排水，得到较高精度的监测结果。

（三）水环境预警应急及溯源监测

水环境应急监测需要及时、全面了解污染源分布、范围等信息，否则将延误污染事故处置时机，当应急现场断面情况不明时，采用无人机进行应急监测能够克服现场不利条件，从而快速、高效地获得现场相关信息。2016 年汛期，岳阳华容县发生溃堤，应急监测小组利用无人机航拍洪泛区获取精确水文资料，为现场应急等工作提供科学依据。针对湖库蓝藻水花预警监控，段洪涛等利用卫星、无人机、自动浮标等技术，构建天空地一体化监控系统，发挥无人机应急监测优势。吕学研等将无人机搭载多光谱仪应用于社渎港污染溯源监测中，并建立总氮、总磷等指标的无人机多光谱遥感反演模型，分析河道周边潜在污染源和河流水质的空间变化特征。江苏省南京环境监测中心对某河流开展溯源调查时，采用无人机对该河流环境现状进行航拍监测，无人机巡查发现沿线共分布有 15 个排口，并对排口进行采样监测。通过无人机获取现场的高清影像，有助于对河流的水环境现状进行全面评价，为该河流溯源监测提供基础信息。

1.无人机技术的优势

应用无人机技术可在短时间内完成大范围的飞行巡查、监测等任务，工作人员根据无人机搭载的装置，掌握相应水质、现场周边环境等信息，在宏观层面上，观测河流周边环境及水质状况，当面对突发环境事件时，无人机能够实时跟踪监测，为现场灾害评估、处理措施的部署提供依据。虽然目前水环境监测中无人机的技术应用仍处于初级阶段，但通过实践，无人机的应用优势不可小觑，其优势主要在于以下三个方面：

（1）灵活机动，提高水环境监测工作效率及安全性能。无人机本身机动性很高，通过地面人员遥控，可直接到达人工无法直达的一些监测难度大的区域进行相关数据采集，在特殊情况下，保障监测任务安全高效地完成。

（2）成果多元化，精度高，提高水环境监测工作水平。无人机通过携带数码相机、多光谱仪等光学元件或搭载水质采样器等设备用于水质监测，宏观快速地获得目标水域周边环境、地形地貌等各类相关信息，还可通过软件等分析手段解析无人机采集的数据信息，多元化的结果为现场水环境监测提供及时、准确的技术支撑。

（3）降低水环境监测环节成本，避免二次污染。无人机携带及组装方便，代替租借船只及人工驾驶至指定位置开展水质现场监测工作，一定程度上，降低水环境监测环节的成本支出，也避免船只在行驶期间所产生的污染物对水环境造成二次污染。

2.无人机技术的不足

无人机技术在水环境监测中逐步得到广泛应用，相较于传统的水环境监测，无人机技术在水环境监测应用过程中充分发挥了其灵活机动，成果多元化、精度高等优势，有效弥补传统水环境监测的不足，进一步提高水环境监测工作的精度及效率。作为新型监测手段，无人机技术在水环境监测中的应用仍存在一些待解决的问题：

（1）目前缺乏具体的针对无人机采样监测等的技术规范与标准，现有的相关规范主要是针对入河（海）排污口排查整治无人机遥感航测及解译的内容，但无人机监测涉及水环境、大气环境等多个要素，现有规范还不能满足各要素的需求。

（2）我国低空空域管理严格，空域申请审批程序烦琐，一定程度上削弱了无人机的灵活性。

（3）无人机应用场景多样，但尚存一些技术短板，如电池电力不足，续航时间普遍只有几十分钟。在人群密集的城市内河或河道周边树木密集处，无人机的避障功能尚不完善，且易出现信号丢失的问题。

（4）缺乏专业的无人机监测队伍。无论是无人机的现场操作还是获取影像的后期处理都需要专业人员进行相关工作，然而目前没有系统的专业人员培训机制，也没有形成专业的无人机监测队伍，且各地装备参差不齐，一定程度上影响无人机监测任务的有效开展。

为了改善无人机技术的不足，需要通过不断推动无人机技术创新，研发高性能电池，提高续航时间，同时提升其在强风等恶劣环境中的耐受性，拓宽无人机适用的野外监测环境；加强无人机专业人才的培养，建设具有地方特色的无人机监测队伍。将无人机技术与其他手段有机结合，实现不同手段和信息的协同和互补，为水环境监测提供更为及时且全面的数据及信息，促进水环境监测的信息化与现代化的发展。

三、无人机在水环境监测工作中的应用要点

由于无人机在水环境监测工作中发挥着不可替代的作用，并且实际应用效果也非常优良，因此相关工作人员在水环境监测工作中使用无人机时要充分发挥其优势，明确无人机在水环境监测中的行迹规划，结合实际工作需求进行模型的构建。无人机在水环境监测工作中，飞行空间和航迹比较连续，在开展水环境监测工作之前，工作人员要对无人机的航迹进行集中性的处理，从而使无人机能在水环境监测工作中发挥其应有的价值和作用。

由于水环境监测工作是由多个部分组成的，为了提高最终水环境监测工作的准确性，相关工作人员要采用分层规划的理念来明确无人机的行迹。在无人机应用的过程中，航迹规划约束条件较多，各个因素之间有着密切的联系，因此在执行不同水环境监测任务时，对无人机的行迹有着不同的要求，大多数情况下主要是执行正常的巡航任务，对监测目标点进行准确性的监测。在进行巡航时，相关工作人员要综合考虑无人机的最大飞行距离，加强对水环境监测现场的勘察和了解，对无人机的航迹进行有效规划，进而完成整体的水环境监测任务。另外，在无人机应用的过程中还需要综合考虑无人机航迹的安全性，这主要是因为无人机不同于陆地上的其他执行任务。假如在陆地上执行任务时发现故障，可以以各种方式来降落，但是在水环境监测工作中，若无人机发生了故障，那么再找到无人机的概率是非常低的。因此，相关工作人员要综合考虑环境的特殊性，根据周边的现场环境和水环境确定无人机的轨迹。

无人机在水环境监测工作中的应用前景是非常可观的，相关工作人员在利用无人机进行水环境监测工作时，要充分发挥无人机的优势，加强对水环境监测区域的勘察，科学合理地设计无人机的航行轨迹，使水环境监测工作能够在无人机技术的应用背景下，提高监测数据的准确性，为我国水环境保护提供重要的技术支撑。

第四节　遥感技术的应用

一、遥感技术概述

遥感技术是一种借助电磁波和地球表面物质的相互作用，对远距离物体和环境进行探测，记录和分析目标对象电磁波谱，生成初始图像，继而做出判断和识别的技术。该技术起源于对地观测技术，主要借助遥感探测器、传感器等设备，测定目标物体的电磁波，不仅能够实现大面积同步观测，还能在短时间内实现同一区域动态重复监测，具有较高经济性、可比性和综合性。

目前遥感技术已经广泛应用于现代环境监测、环境保护、自然资源动态监测（土壤、水、勘探资源等）和城市规划等领域，还在工业、农业、军事、航空等领域有重要的作用。

根据电磁波性质不同，遥感技术具体可划分为可见光、热红外线、微波遥感技术。其中，可见光反射红外遥感技术原理为物体反射率差异，通过记录反射辐射能获取目标物体信息，但这一过程会受到大气纯洁度、太阳辐射强度、地物波谱特性等关键变量影响，因此主要用于各种污染监测，是目前发展较为成熟的一种监测技术。

热红外遥感技术，其技术原理是一切物体辐射和自身温度、种类对应的电磁波，主要探测地面电磁波辐射源和性能，如发射率和温度，能够实现短时间内大面积地表温度动态重复观测。

微波遥感技术，具有全天候观测、信号丰富等特点。微波在传播过程中，由于传播介质不稳定，会产生反射、投射、散射等情况，为保障监测结果准确性，监测人员必须结合个人经验和专业能力建立相应模型或公式，确保信号和目标物体关系明确，推导出确定的物理特性和运动特性，最终获得精准监测数据。

二、水环境监测环节遥感技术的优势

（一）信息收集较为全面

水环境监测涉及面较多，所以要想保证监测水平，需要相关人员尽可能大范围地进行信息收集。传统监测手段往往只是单一环节的监测，要满足监测需要就要进行多次监测，流程较多而且程序烦琐，很大程度上影响了监测作业的进行。将遥感技术应用到水环境监测中，由于遥感技术探测范围较大，航摄飞机高度可达 10 km 左右，借助卫星进行的遥感监测更是能够覆盖 3 万多平方千米的地面范围，所以在进行水环境监测之时就能够在很大程度上契合水环境的监测需要。实际作业过程中，借助遥感技术，相关人员能够在短时间内对水深、水面宽的江河湖泊等水环境进行快速检测，在保障信息收集质量的基础上加快信息收集的范围以及效率，相较于传统的信息收集方式来说具有较强的优势。

（二）适用范围较广

水环境监测涉及面十分广泛，包括河道、湖泊、海洋以及地下水等多种样式的流域环境，再加上我国地质地形十分复杂，所以在进行水环境监测的过程中就需要面对多样化的复杂环境，具有一定的难度。由于传统的监测技术很难在大范围适用，所以监测人员在进行作业的过程中往往需要准备多台设备以及方案，这样才能够满足现阶段社会的发展需要，一定程度上增加作业流程以及成本。在此背景下，相关人员就需要实现监测技术的更新。将遥感技术运用到水环境监测中，由于遥感技术可以借助多样化的设备进行监测作业，所以就可以针对各种环境进行监测方案的选择，以适应环境监测的需要。而且遥感技术穿透能力强，无论是液体还是固体以及气体都逃脱不了遥感技术的感应和监测，所以即便是处于原始森林或者是山地中的流域也能够通过遥感技术实现水环境监测。所以，在实际的发展过程中，遥感技术可以满足不同地区的水环境检测需要。

（三）整体性较强

水环境监测需要针对水域的污染状况、动植物状况以及流经面积等状况进行全面的收集，这样才能够保证后续作业的顺利进行。但是传统的环境监测手段一般覆盖面积较小而且缺乏连续性，所以就无法直观地展现出水域的总体情况，一定程度上制约着水环境监测作业的进行。将遥感技术应用到水环境监测中，遥感设备就能够进行立体动态监测，并且将监测结果以直观的航空影像呈现出来，监测过程保持了连续性，这使水环境监测不会局限于片面范围，而是使水环境以整体形式呈现在大家面前，使水环境实现了全面整体监测与辨识。一方面，直观化的成像展示能够更加方便后续的信息收集，简化作业程序；另一方面，能够实现对水环境的动态化监测，持续地对水环境情况进行收集。这样一来，水环境监测就能实现自身的作业目标，并且及时地对水域变动状况进行了解，方便后续的治理作业。

（四）手段丰富，效率较高

针对水环境进行监测的传统手段一般较为单一，难以满足水环境监测的需要，遥感技术利用电磁波进行信息收集，可根据不同水域的特点对波段和相关设备进行调整。作业过程中，相关人员可利用紫外线、红外线和微波波段等多样化的手段针对水环境进行信息收集，不仅能够对地表水的流域状况进行监测，还能够实现对地下水的信息收集。此外，遥感技术还实现了全天候的作业，能够长时间地进行信息获取，获取资料的速度快、周期短，很大程度上推动了水环境监测效率的提升。

三、水环境监测中遥感技术的应用策略

（一）应用在油污染监测中

在水环境监测中，油污染作为水环境的常见污染类型，很大程度上影响着水环境的生态，需要相关人员加强对其的重视。现阶段的水环境油污染主要分为两种类型，一是日常的生产生活环节没有将食用油进行处理就排放到河流中造成的水域污染，二是原油泄漏导致的大范围海洋污染。前者范围较小，可以实现控制；后者范围较大，普通技术手段难以实现对其的监测。遥感技术就可以应用在油污染监测中。一方面，由于其能够对大面积的水环境进行实时监测，所以可以借助该技术对油污染的面积以及程度进行监测。此外，由于遥感技术较为全面，所以其还能够对污染区域的污染情况进行全面、高效的监测，并且针对油的类型以及特点进行分析。之后，通过遥感技术就可以借助计算机实现对信息的整理，进而建立起相关模型，科学合理地对污染源进行查找。此外，还能够使用可见光遥感技术、红外遥感技术、紫外遥感技术等针对水域进行分析，进一步确定油污染的状态。

（二）应用在水体富营养化监测中

随着现阶段社会的发展，工业化和农业化水平都实现了长足的进步，实际的作业过程中，工业废水以及农作物化肥残留就可能随着地表径流流入河流中，造成水域某种营养成分不断地增长，由此引发水体的富营养化。富营养化会导致水生植物的大量生长，这些植物在产生叶绿素的同时大量地吸收水体中的氧气，造成水生生物的大量死亡。而且植物的增长还会覆盖水面，遮挡阳光，进一步影响水域的生态。要对其进行监测就需要借助遥感技术，相关人员可以利用遥感技术对水中的叶绿素含量进行监测，然后利用可见光、红外光等进行光学监测，通过光谱分析计算水中叶绿素的占比，由此推断出水体富营养化的

程度，以方便后续的治理作业。

（三）应用在悬浮物的监测环节

实际水环境监测中，水质的浑浊程度也是监测作业的重要内容，需要相关人员加强对其的重视。实际监测环节，水中的悬浮物会在很大程度上影响水质的光学特征，使用遥感技术可以对目标水域中悬浮固体物的含量进行监测，以判断水质状况。监测作业环节，相关人员需要结合实际的水质特点选择合适的波段，然后对相关数据进行收集并建立起相关模型，从而得出水域的污染状况以及治理方法。

（四）应用在热污染的监测中

随着工业化进程的加快，现代社会工业用水所排放出的未经冷却处理的废弃热水也会对水环境造成很大的影响，这就需要对其进行监测。这些未经过处理的工业热水排放到水域中会使自然水体的温度上升，引起水体物理、化学和生物过程的变化，严重影响水生植被以及水生生物的存活。在此背景下，相关人员就需要借助遥感技术对其进行监测。使用遥感技术能够对水体的热量进行监测，观察水体的热污染情况，利用多时相的热红外图像，并结合地面观测，水体温度明显升高的地方在遥感图像中十分明显，其图像可显示出热污染排放、流向和温度分布的情形，这样就实现了热污染的监测。

水环境污染已经成为制约社会发展的关键因素，这就需要相关人员加强对水环境的监测，为水环境污染治理提供信息。现阶段相关人员一般利用遥感技术实现对水环境的监测，但是由于水环境十分复杂，再加上遥感技术的技术性较强，相关人员对其的运用就还存在一些问题，这在一定程度上制约着监测事业的发展。因此，相关人员需要提高自身的技术，充分发挥遥感技术的功能。

第五节　三维荧光技术的应用

一、三维荧光技术的测定原理

在室温下，大多数分子处于基态，当其受光（如紫外光）激发时，分子会吸收能量并进入激发态，但分子在激发态下不稳定，很快就跃迁回基态，这个过程伴随着能量的损失，其中过剩的能量便会以荧光的形式释放出来，即发光。物质的荧光性质与其分子结构有关，一般来说分子结构中有芳香环或有多个共轭双键的有机化合物较易发射荧光，而饱和或只有孤立双键的化合物不易发射荧光。物质的荧光强度（*F*）与激发光波长（*Ex*）、发射光波长（*Em*）有关，二维荧光光谱是固定 *Ex* 或 *Em* 不变，扫描改变另一个波长，得到 *Ex* 或 *Em* 与 *F* 之间的关系，是一个一元函数。而三维荧光记录的是 *Ex* 和 *Em* 同时改变时 *F* 的变化，是一个二元函数，也称为激发发射矩阵。

二、三维荧光技术测定结果的表征

三维荧光技术测定结果有两种表征方法：等强度指纹图和等距三维投影图。等强度指纹图是以 *Em* 和 *Ex* 为横纵坐标，平面上的点为样品荧光强度，由对应 *Ex* 和 *Em* 决定，用线将等强度的点联结起来，线越密表示荧光强度变化越快。等距三维投影图是用空间坐标 *X*、*Y*、*Z* 分别表示 *Ex*、*Em* 和 *F*，与 *XOY* 面平行的区域表示无荧光，隆起的区域表示有荧光。相较于二维荧光，三维荧光谱图蕴含更多的荧光数据，能更完整地描述物质的荧光特征，可用于多组分混合物的分析。但大分子的颗粒和胶体物质在受光激发时会出现散射现象，对荧光测定产生影响，常通过预处理（稀释待测溶液、扣除空白水样的三维荧光光谱、过滤等）来避免此影响。

三、三维荧光在水环境监测中的应用

（一）生活污水

生活污水中的污染物包括有机物（油脂、蛋白质、氨氮等）以及大量的病原微生物（寄生虫卵等）。施俊等结合平行因子分析法研究了扬州某生活污水处理厂进出水的三维荧光光谱特征，发现进水和出水中含有 3 个主要荧光组分，分别为类色氨酸、类酪氨酸和类腐殖质，对比进水与出水的3个主要荧光组分的变化就能了解污水处理效果。吴礼滨等对梅州市某生活污水厂的总进水、沉砂池出水、生化处理出水及总出水进行了三维荧光检测，并采用荧光区域积分法进行了解析，发现经生化处理后富里酸类物质、溶解性微生物代谢产物及腐殖酸类物质的荧光区域积分百分比降低，说明生化处理对这几类污染物产生了去除效果。

（二）工业废水

工业废水中污染物种类繁多、成分复杂，常含有随废水流失的工业生产原料、中间产物、副产品以及生产过程中产生的污染物。王碧等分析了炼化废水和炼油废水中特征污染物的去除情况，其中炼化废水的特征荧光峰在水解酸化处理后消失，炼油废水的特征荧光峰在好氧处理后消失，表明水解酸化工序对炼化废水的特征污染物去除效果好，好氧工序对炼油废水的特征污染物处理效果好。王士峰对某印染厂废水进行了周期性的采样，发现所采集水样的三维荧光光谱的荧光峰数量和位置较为稳定，但强度不稳定，说明其中的有机物含量变化较大。

（三）雨水

于振亚等对比了道路雨水水样在金属离子（Cu^{2+}、Pb^{2+}和 Cd^{2+}）滴定前后三维荧光的变化，发现添加 Cu^{2+}和 Pb^{2+}后，荧光猝灭，峰 T 的强度明显下降，表明雨水中类蛋白类物质与 Cu^{2+}和 Pb^{2+}之间发生了配位络合作用；而加入 Cd^{2+}后，荧光峰的强度未发生明显变化，说明其中络合作用较弱。林修咏等构建了两套雨水防渗型生物滞留中试系统，利用荧光区域积分法解析显示，屋面径流有机污染集中在降雨初期，主要为类腐殖质，系统出流则为蛋白类物质和类腐殖质物质；在滞留带中种植植物对于蛋白类物质和类富里酸区域的荧光有机物均有较好的调控效果，但对于微生物代谢产物和类胡敏酸区域的调控效果稍差。

三维荧光光谱法具有监测快速、预处理简单、反应灵敏等优点，该方法不仅可以用于定量监测某些已知的单一污染物，还可用于表征成分复杂、组分来源不明确的污染物，这一特点使三维荧光有能力应用于水环境监测中。

但三维荧光光谱中存在光谱重叠的问题，影响单一成分的提取和识别，若不结合其他的计量解析方法使重叠的光谱分离开，在一定程度上会影响结果的准确度。高效液相色谱与三维荧光的联用，能更准确地提供更丰富的荧光指纹；将矩阵分解与人工神经网络相结合，用于三维荧光光谱提取和识别多环芳烃效果良好。主成分回归法、偏最小二乘法和多维偏最小二乘法与三维荧光联用可以提高三维荧光的精度。此外，若在传统的三维荧光数据中加入时间变量，组成四维数据，即可构成动态荧光光谱，这种动态光谱能够反映物质随时间的演变过程，但目前在水环境监测中的应用还需要进一步研究。

第六节　水生态环境物联网智慧监测技术

一、水生态环境物联网智慧监测技术概述

（一）水生态环境物联网智慧监测技术发展概况

20 世纪 70 年代中期，随着美国国家环保局的成立，美国的水质监测工作开始向规范化、标准化方向全面过渡。监测仪器方面，各种大型分析仪器向自动化、现代化方向快速发展；监测网络方面，在全国范围内建立了覆盖各大水系的上千个自动连续监测网点，可随时对水温、pH 值、浊度、化学需氧量、生化需氧量、总有机碳等指标进行在线监测。20 世纪 80 年代以后，美国逐步形成了完善的水生态环境监测体系，更加注重对新型监测技术和设备的研发，在高性能传感器方面取得了重要进展。同时，基于物联网技术的发展，实施了“哈德森河水质监测项目”“哥伦比亚河口观测项目”“MARVIN 富营养化监测平台项目”等地表水环境管理项目，通过广泛、连续、动态地监测河流水力、水质和生态状态，实现了对河流的实时监测。欧洲、日本等发达地区和国家则建立了涵盖信息收集、决策和呈现 3 个层面的水质管理和预警系统，用于实时监测河流、湖泊水质状况。

20 世纪 80 年代后期，我国开始从国外引进水质自动监测系统，对水环境开展实时动态监测，并基于物联网技术构建了污染源自动监控系统。环保领域由此成为我国最早应用物联网技术的领域之一。2013 年，国内成功研制了基于物联网技术的智能水质自动监测系统，实现了对温度、色度、浊度、pH 值、悬浮物、溶解氧、化学需氧量，以及酚、氰、砷、铅、铬、镉、汞等 86 项参数的

在线自动监测，标志着我国水质监测进入物联网时代。在长江流域，通过构建将多个异构传感器有机互联的复杂监测网络，从不同维度进行信息采集，利用协同观测、多传感网数据同化与信息融合、数据采集与服务等关键技术，实现了对资源、环境灾害的动态监测，极大地拓展了水环境监测的时空连续性。在太湖流域，构建了包括水质固定自动站监测、水质浮标自动站监测、蓝藻视频监测和卫星遥感监测等多种监测手段的水环境自动监测体系，通过物联网技术实现了对太湖水生态环境的立体、实时监测和预警。截至“十三五”末，我国已在重要河流的干支流、重要支流汇入口及河流入海口、重要湖库湖体及环湖河流、国界河流及出入境河流等建设了 1 794 个水质自动监测站，以物联网为平台构建了覆盖 31 个省级行政区、七大流域的国家地表水环境质量自动监测网络。

（二）水生态环境物联网智慧监测技术组成

水生态环境物联网智慧监测技术由水生态环境感知和信息获取、水生态环境监测数据传输、水生态环境监测数据智慧应用 3 部分组成，形成了从数据获取、数据传输、数据处理到智慧化应用的技术链条，可实现对水生态环境质量的全面智能化监测和综合展示。随着监测方法、数据传输与处理技术等的快速发展，水生态环境物联网智慧监测技术的内容组成可得到不断丰富，能够为流域尺度水生态环境业务化监测的开展提供技术支撑，可有效提升水生态环境质量监测、管理决策的信息化水平。

二、水生态环境物联网智慧监测关键技术

（一）水生态环境感知技术

1.水生态环境感知传感器技术

感知层作为物联网架构体系的基础层，其主要功能是通过传感器网络获取环境信息。水生态环境监测物联网感知层主要由搭载各类传感器的监测仪器设备构成。“十一五”至“十三五”期间，通过各项科研攻关和产业化项目的实施，国产水质监测装备在检测性能及功能方面有了很大的提升，部分国产设备的综合性能已赶超进口仪器，自动监测系统集成、设备管理平台开发等方面的研究也取得了重要进展。但对于水质监测设备的核心部件——传感器，与国外研发水平相比，仍存在差距，仍需对关键技术开展攻关。

水生态环境监测传感器主要分为化学传感器、物理传感器和生物传感器 3 种。化学传感器的测量周期长，需要定期进行人工维护，且添加的有毒化学物质会造成水体二次污染。物理传感器多采用光学或电化学方法，可以在数秒内完成整个测量流程，不需要添加试剂。随着精度、稳定性和寿命的进一步提高，物理传感器被广泛应用于水体 pH 值、浊度、溶解氧、电导率、重金属、有机物和氮磷等指标的测定。生物传感器直接利用生物和待检测物之间的相互作用来产生响应信号，具有良好的选择性和灵敏度，但稳定性弱、成本高。目前，生物传感器能够实现对水体生化需氧量、重金属、有机物等指标的在线监测，且随着高精度、低成本生物传感器的不断研发，生物传感器在水质检测领域展现出良好的应用前景。此外，基于数字全息的显微成像技术采用图像传感器识别水体中的微小生物及其状态，可为实时在线反映水生态状况提供新的技术手段；基于新型水生态环境核心传感器与自动测量、控制等技术的高度集成开发出的一系列适用于不同应用场景和业务需求的水生态环境监测集成技术及设备，可为我国水生态环境管理提供有力的硬件支撑。

2.水生态环境感知集成技术

（1）自动在线监测技术

水生态环境自动在线监测技术主要包括固定式、浮标式和小型移动式 3 种集成形式。

固定式监测系统一般是指建设在固定房屋内的自动监测站。其仪器设备种类较多，监测数据的准确性较高，但占地面积大，建设和维护成本高，无法大量布置，且水样采集易受天气因素干扰，故主要用于地表水重要断面和重要点位的水质自动监测。固定站内的在线监测仪器可实现监测数据实时传输，此外，亦可采用人工方式读取和记录监测数据。监测项目包括水温、pH 值、溶解氧、电导率、浊度、化学需氧量、生化需氧量、总有机碳、可溶性有机碳、UV_{254}、硝酸盐、亚硝酸盐、硫化氢、总悬浮固体、苯系物、色度、氨氮、总磷、总氮、高锰酸盐指数、重金属、叶绿素 a、蓝绿藻、磷酸盐、盐度、氯化物、氟化物、生物毒性、流量、液位等，此外还涉及视频、指纹图和光谱报警等。目前，同一水源的固定式自动监测站存在监测范围小、数量少、位置固定等缺点，难以全面反映水质状况，故主要适用于河流断面考核监测、出入境断面监测、重要点位监测。

浮标式监测系统是由浮标、维护平台、传感器组、通信设备、供电系统、锚系等组成的自动监测站。其布置方式灵活，可以通过锚链固定在不同水域的水面上，快速、准确地对水质进行监测并实时传输监测数据，抗环境干扰能力较强。浮标式监测系统多采用电极和光谱等方法获取监测数据，监测项目主要包括水温、pH 值、溶解氧、电导率、浊度、氨氮、硝酸盐氮、叶绿素 a、蓝绿藻等。该系统适用于水面面积大、难以建设观测站点、不易采用常规河道监测手段、需要快速开展污染监测和预警的水域，如近海、水库、湖泊、湿地、水源地等。

小型移动式监测系统是通过可移动的在线监测设备对不同水域进行监测。其监测区域灵活，设备集成度高，可以实现实时监测数据远程传输。因具备占地面积小和投资较少的特点，其主要适用于市内小型河流、景观河流和部分典型污染河流。由于移动式水质监测站的内部空间有限，故以常规五项参数、氨氮和化学需氧量等指标的电极法或光度法检测仪器为主。随着水质快速检测方法的发展，高性能的小型移动式监测系统可以实现对生化需氧量、总磷、总氮、叶绿素 a 等 11 个参数的在线实时监测，且占地面积不超过 1 m^2。其中，化学需氧量的测定可采用紫外吸收法，氨氮可采用离子选择性电极法或紫外吸收法。这些检测方法校准简便，无须更换试剂，但较易受水质干扰。

（2）应急快速监测技术

突发性水环境污染事故发生后，需对水生态环境的受污染程度和范围进行应急快速监测，监测设备主要包括便携式监测设备、移动式现场监测系统和水生生物在线监测系统。

基于光学、电化学、色谱、色谱-质谱联用等原理和技术开发出的便携式监测仪器设备的种类多样，其特点是体积小、携带方便，能够满足现场快速定性和定量分析多种常规水质指标，以及检测未知污染物的需求。

移动式现场监测系统主要包括监测车和监测船两类。应急监测车配备独立的实验室工作系统，具备现场快速分析、数据处理和通信传输的功能，适用于野外现场采样、存储和分析。应急监测船是在水面完成现场采样和分析的平台，由船体、船载流动实验室、便携式应急监测仪器和应急防护设施等组成，具备移动监测、水上实验、快速预警等功能，可机动监测辖区内的水质状况。

水生生物在线监测系统可直接反映突发环境事件对水生态系统健康的影响，主要分为基于生物行为变化的在线监测系统（如摄像示踪监测系统和四极阻抗监测系统）和基于生物生理变化的在线监测系统（如发光菌在线监测系统和藻类荧光分析系统）两大类。其检测原理是通过传感器探测生物生理指标和行为强度的变化，或通过摄像技术连续观察、记录水生生物的行为变化，从而为突发环境事件中的水生态环境应急监测提供技术手段。

（二）水生态环境监测数据传输技术

1.数据传输技术的类型

有线传输方式在互联网和政府专网均有应用，主要通过光纤、以太网等有形媒质传送信息，且多用于传统的固定式监测站监测仪器设备的数据传输。有线传输方式需要施工安装，对于老旧监测设备而言，其改造成本较高，而移动数据的获取成本在逐年降低，因此越来越多的监测项目采取无线传输的方式来降低施工复杂度。尽管如此，有线传输在两个方面仍然具备明显的优势：第一个方面是数据稳定性。有线方式比无线方式更加稳定可靠，特别是在高频大数据量传输时更加明显。第二个方面是专网传输。有线传输方式很容易实现专网部署和数据隔离，且成本低廉。无线传输方式虽然可以通过 LoRa 等技术实现专网，但部署复杂且成本较高。

无线传输方式分为无线局域网和无线广域网两大类。其中，无线局域网主要包括 Wi-Fi、蓝牙和 ZigBee（低速短距离传输的无线网上协议）等方式，无线广域网主要包括 2G/4G/5G、LoRa（long range radio，远距离无线电）、NB-IoT（narrow band internet of things，窄带物联网）等方式。新型无线传输技术能够覆盖更广阔的区域，适应更复杂的环境，尤其是近年来低功耗无线传输技术的快速发展，使其在水生态环境监测中具有更好的应用前景。在无线局域网中，Wi-Fi 是使用比较普遍的通信方式。Wi-Fi 传输速率较快，但通信距离短、范围小、功耗高，适用于小范围、近距离组网；与 Wi-Fi 相比，蓝牙的安全性相对较高，但传输速度过慢，适合短时、近距离组网；ZigBee 功耗较低，同时具有多跳、自组织的特点，容易扩展传感器网络的覆盖范围，但其传输速率较慢。

在无线广域网中，低功率广域网络因具备功耗和运营成本低、节点容量大等优点，而得到了快速应用，主要以 LoRa 和 NB-IoT 为代表。其中，LoRa 功耗低、续航时间长，适用于低成本、大数量连接；NB-IoT 安全性较高，适用于超大数量连接。4G、5G 移动通信技术使以图像、音频为代表的大文件传输成为现实，进一步扩充了信息的维度。无线传感器网络和卫星遥感的集成技术，则充分发挥了无线传感器网络获取局部地面信息的翔实性，以及遥感技术获取大面积环境信息的方便性。

2.数据传输技术的选择

水生态环境感知仪器设备的类型多样，且其项目应用通常涉及地理范围广、系统结构复杂、运行效率要求高等情况，因而需根据项目的实际需求和现场情况，综合考虑仪器设备功耗、人员值守、数据流量等因素，进而选择高效、稳定、可靠的网络传输系统。

3.数据传输安全技术

在水生态环境监测数据传输过程中，保障所获取数据的真实性、有效性和完整性，是后续实际应用的重要前提。数据传输安全是指在源头采集到的数据能够安全、可靠、稳定地传输到云端，包括数据传输链路安全、数据内容安全、数据完整性保证 3 个方面。在数据传输过程中，目前多采用安全传输层协议（Transport Layer Security, TLS）进行传输链路加密，保障数据传输安全。随着加密算法的改进，TLS 技术不断更新，使得加密速度更快，数据链路不容易被窃听，数据传输更加安全。早期受到前端感知设备芯片性能的限制，不能对直接采集的数据进行实时加密，无法保障数据内容的安全性。后期随着嵌入式技术的发展，在采集设备上实现了采用高级加密标准（Advanced Encryption Standard, AES）等对称加密技术来保障数据内容的安全。目前常采用 AES128 或 AES256 技术对采集到的数据进行实时加密。对于数据传输时遇到的断网、延迟等各种问题，物联网系统基于良好的确认和重发机制，能够保证每个数据片段不丢失、不乱序，使数据最大限度地安全到达云端，保证数据的完整性。但同时，确认和重发机制可能会影响物联网系统的响应速度和并发量，需要根据不同的应用场景找到最佳平衡点。

三、水生态环境物联网智慧监测技术在环境管理中的应用

基于感知层和传输层构建的水生态环境物联网智慧监测系统，可通过业务应用平台对海量监测数据进行综合分析和智慧化应用，能够实现水生态环境实时监测和预警、水生态环境治理效能管理等功能，以提升我国水生态环境管理能力。

（一）水生态环境实时监测和预警

采用基于传感器、传输网络和应用终端构建的物联网系统对河湖水质进行实时监测和预警，是物联网在水生态环境监测中最基础的应用模式。张娜等设计了一种基于物联网的水质监测系统，显著提高了系统的采样精度，并解决了定时定点采集数据耗费大量人力物力的问题。杨一博等采用 LoRa 搭建河流水质监测网络的设计方案，能同时满足低功耗与广覆盖两方面需求，可实现对大流域面积水体水质的实时监测，有助于改善偏僻地区流域水质数据的自动化管理。李涛等采用 LoRa 通信技术建立了一种基于窄带物联网的水上环境监测系统，该系统由移动感知终端、传感网络及应用客户端 3 部分组成，能够实现对中小型水域污染情况的监测和预警。姚跃针对上海市金山区开发了一套基于物联网的水质监测管理系统，整个系统以新型浮标为载体进行数据采集，用于监测主要河道的水质。丹江口库区水质自动监测系统采用物联网技术，在点、线、面源的适当位置安装各种水质自动监测仪器、数据采集传输设备，通过多种有线和无线方式与监控中心的通信服务器相连，实现了 24 h 在线实时通信，用以实现水质监测、水量调配等应用，以及各种更大规模的信息处理和共享。杨宏伟等采用物联网技术，对遥感水质参数的定量反演方法、中程无线传感网络技术和藻类水华预测预警模型进行了改进，

开发出了太湖蓝藻预测预警平台。

（二）水生态环境治理效能管理

将物联网监测系统应用于水环境治理过程，有助于加强对水体治理效果的维护和管理，可有效防控潜在的环境风险。在北运河香河段水环境治理工程中，路倩倩等构建了北运河香河段生态环境物联网管理体系框架，建成了多个生态环境物联网子系统，以通过流域水体感知单元同步感知整治效果及整治过程，及时发现污染威胁，防控整治过程中的环境风险，促进多方参与到流域管理工作中来。王连强等提出将物联网与人工智能技术应用于水生态环境整治过程，以实现水生态环境治理过程的多参数监测、治理模型耦合模拟和智能决策。袁峰等在某市河流水环境综合治理项目的设计中，采用“全流域联动联调智能动态管理”理念，通过智能设备实时感知水环境状态、采集水务信息，并基于统一融合的公共管理平台，以更加精细、动态的方式感知和管理河流水环境。

四、水生态环境物联网智慧监测技术的发展前景

在感知技术方面，物联网系统的前端感知设备是开展环境监测的基础和数据源，也是整个系统的核心部件，感知终端的精度直接影响着整个系统的性能。与进口设备相比，国产仪器在精度、准确度方面仍然存在差距，仍需继续开展关键技术研发。此外，随着“三水统筹”管理理念的提出，水生态相关的感知设备，如藻类、浮游生物在线监测仪器等，也将成为监测设备研发和应用的重要方向。

在通信技术方面，现有的无线传输网络存在数据传输速率慢且时延高、数据处理效率低、数据挖掘深度不足等缺点，越来越难以满足规模日益增长且要求日益提高的监测业务的需求。未来，5G 技术的广泛应用将推动物联网技术

在水生态环境监测领域的快速发展。基于 5G 的水生态环境监测物联网技术可以实现实时全景、全数据回传，保障数据传输准确，实现数据精确分析和智能处理；可以实现泛在互联，以及生态环境监测终端的网络化、小型化和智能化，极大地提高水生态环境监测的覆盖度和实时性。

随着精准灵敏的水生态感知技术、多源异构数据和设备融合技术、高速通信技术、高效数据智慧应用技术的不断发展，水生态环境监测物联网技术在要素全面感知、数据高效处理和业务智慧应用方面的综合效果将会得到进一步的提升，进而通过构建数字化、网络化和智慧化的水生态环境物联网监测系统，实现“空天地”一体化的水生态环境质量实时远程监测和智能预警预报，为水生态环境管理提供覆盖范围更广、类型更多样的区域化监测监管手段。

第七节　流域水生态环境承载力监测技术

一、流域水生态环境承载力的意义

流域水生态环境承载力不仅要考虑水资源数量上的满足，还要考虑水环境质量上的保证，同时更加关注生态系统的健康发展。所以，流域水生态环境承载力指的是“在一定历史阶段，在一定的环境背景条件下，某一流域的水生态系统在满足自身的健康发展的前提下，所能持续支撑人类社会经济发展规模的阈值”。水资源是生态资源中的重要组成部分，但由于人们大力发展工业，对自然资源造成了严重污染的同时，对水域造成了不可逆的影响。

水生态环境承载力评估是水环境管理体系中承上启下的环节，通过评估水生态环境承载力，正确认识区域经济社会-水环境-水资源-水生态系统间的耦合机制，为制定阶段性水环境管理策略提供指引，促进我国水生态环境承载力评估技术体系逐渐走向完整和成熟。

二、流域水生态环境承载力监测的一般方法

（一）明确流域水生态环境承载力的作用机制

明确各个组成系统和影响因素之间对流域的反馈作用机制，从各个系统之间的反馈作用机制入手，深入研究子系统对承载力影响的数学特征，是完整构建水生态环境承载力评估体系的关键步骤。

（二）统一特征性的评价方法和指标

建立完整统一的水生态环境承载力评估技术，开发构建出适合评估全流域的评估方法模型，降低评估过程的主观影响。在建立评估体系的过程中，应将不同流域特征类型纳入评估体系，结合当地的可持续发展战略，制订适宜的承载力提升方案，是保证当下流域水资源、水环境和水生态健康发展，修复受污染水域的必要措施。

（三）完善动态评估机制，实时指标监测，及时预警防控

从可持续发展的绿色生态理念出发，制定流域污染物总量控制和承载力提升方案，修复受污染水体，保护现有水资源。因此，未来研究应整合 GIS 地理空间技术等相关学科领域技术，实现对评估指标的实时监测，对即将超载的评估单元采取风险控制方案，解决水生态环境承载力较弱地区的可持续发展问题。

参 考 文 献

[1] 艾贞. 水环境监测及水污染防治研究[J]. 低碳世界，2023，13（3）：31-33.
[2] 车娅丽. 水环境监测中铜元素的实验室精密度偏性试验[J]. 河南水利与南水北调，2023，52（4）：107-108.
[3] 陈凤声. 水环境监测的质量控制与保障措施[J]. 清洗世界，2022，38（9）：96-98.
[4] 陈兴亮. 水环境监测的质量控制及保障措施探究[J]. 现代盐化工，2023，50（1）：42-44.
[5] 程鹏飞. 水环境监测工作的技术要点与改进策略[J]. 皮革制作与环保科技，2023，4（6）：180-181+184.
[6] 符哲. 水环境监测中生物监测技术的运用探讨[J]. 皮革制作与环保科技，2023，4（1）：16-19.
[7] 高娜，文婷. 探究大数据在水环境监测与管理的应用[J]. 清洗世界，2023，39（4）：172-174.
[8] 高晓霞. 水环境监测的质量控制及优化策略[J]. 中国高新科技，2022（20）：126-128.
[9] 谷兆莉. 我国水环境监测中存在的问题与对策探讨[J]. 皮革制作与环保科技，2022，3（22）：48-50.
[10] 郝旭蓉. 水环境监测管理常见问题和应对措施[J]. 山西化工，2023，43（1）：224-225+230.
[11] 何强，董晓倩，胡玲娟. 环境废水采样和水环境监测影响因素分析研究[J]. 皮革制作与环保科技，2023，4（5）：72-74.
[12] 胡永森，周朝阳. 基于高分数据的赣江流域水环境监测平台设计与实现

[J]. 环境保护与循环经济，2022，42（10）：81-83+110.

[13] 惠亚梅. 生物监测技术在水环境监测中的应用[J]. 中国资源综合利用，2023，41（1）：124-126.

[14] 惠亚梅. 水环境监测质量控制与管理研究[J]. 清洗世界，2023，39（2）：184-186.

[15] 贾爱云. 基于无线传感技术的水环境监测系统设计[J]. 皮革制作与环保科技，2023，4（2）：44-46.

[16] 姜薇. 水环境监测存在的问题及对策分析[J]. 资源节约与环保，2022（8）：33-36.

[17] 解婷婷. 水环境监测的质量控制及保障措施探究[J]. 资源节约与环保，2022（12）：75-78.

[18] 李聪聪，许雅琪，蔡俊杰. 宿迁市 2022 年度水环境监测分析及建议[J]. 化工设计通讯，2023，49（2）：171-173.

[19] 李婧. 水环境监测中存在的问题及对策探索[J]. 皮革制作与环保科技，2022，3（17）：130-132.

[20] 李敏慧. 水环境监测及水污染防治探究[J]. 清洗世界，2022，38（9）：99-101.

[21] 李鑫，裴松松. 离子色谱技术在水环境监测中的应用分析[J]. 皮革制作与环保科技，2023，4（5）：14-15+18.

[22] 李云红，张伟亚. 水环境监测中六价铬的检测方法及可靠性分析[J]. 化学工程与装备，2022（12）：217-218+211.

[23] 李志远. 水环境监测中遥感技术的作用及应用策略分析[J]. 清洗世界，2023，39（3）：155-157.

[24] 廉静. 实时无污染多参数水环境监测技术研究[J]. 科学技术创新，2023（12）：55-58.

[25] 廖丹. 水环境监测全过程质量体系构建及对策分析[J]. 清洗世界，2023，39（4）：112-114.

[26] 刘景兰，葛菲媛，秦磊，等. 地下水环境监测井评估体系构建研究[J]. 环境监控与预警，2022，14（6）：77-81.
[27] 刘军，姚风淑，徐潇潇. 探究流域水环境监测全过程质量控制对策[J]. 皮革制作与环保科技，2023，4（5）：45-47.
[28] 刘倩. 基于灰色关联的广东省经济增长与水环境监测指标耦合关联性研究[J]. 河南科技，2022，41（17）：103-109.
[29] 柳维，杨维. 水质自动监测系统在水环境监测中的应用[J]. 中国资源综合利用，2022，40（10）：46-48.
[30] 马成孝. 水环境监测中现场采样质量保证的要点分析综述[J]. 皮革制作与环保科技，2022，3（21）：44-45+51.
[31] 马积俊. 水环境监测质量管理制度的构建分析[J]. 地下水，2022，44（5）：106-107.
[32] 马静. 水环境监测及水污染防治探究[J]. 清洗世界，2022，38（11）：104-106.
[33] 潘法安. 关于水环境监测及水污染防治的相关思考[J]. 黑龙江环境通报，2023，36（2）：76-78.
[34] 蒲慧晓. 水环境监测技术及污染治理研究[J]. 资源节约与环保，2022（8）：49-52.
[35] 申敏. 水环境监测工作现状、问题与对策[J]. 黑龙江环境通报，2023，36（1）：78-80.
[36] 师晓燕. 水环境监测质量控制途径分析[J]. 山西化工，2023，43（2）：178-180.
[37] 师艳红. 水环境监测存在的问题及对策分析[J]. 清洗世界，2023，39（2）：119-121.
[38] 谭锦华. 珠江流域水环境监测与智慧化管理策略[J]. 城市建设理论研究，2022（36）：88-90.
[39] 唐明. 浅谈水环境监测现状及发展趋势[J]. 皮革制作与环保科技，2023，

4（5）：67-68.

[40] 涂春林. 快速溶剂萃取技术在水环境监测中的应用研究[J]. 山西化工，2022，42（7）：136-139.

[41] 王贵，袁丽艳. 离子色谱技术在水环境监测中的性能分析[J]. 皮革制作与环保科技，2022，3（17）：37-39.

[42] 王坤，崔伟洋. 高效液相色谱仪在水环境监测中的应用与发展探究[J]. 清洗世界，2022，38（11）：101-103.

[43] 王瑞娟. 生物技术在水环境监测中的应用研究[J]. 皮革制作与环保科技，2022，3（24）：33-35.

[44] 吴昊，吴子昂，孟庆斌，等. 水环境监测场景中的自主巡航无人船系统[J]. 电子制作，2023，31（2）：14-17.

[45] 谢鑫苗，周繁，张燕，等. 浅析无人机在水环境监测工作中的应用[J]. 资源节约与环保，2022（10）：33-36.

[46] 徐丽丽. 水环境监测技术分析与监测质量控制要点研究[J]. 皮革制作与环保科技，2023，4（2）：65-68.

[47] 许亚南. 浅析离子色谱在水环境监测中的应用[J]. 皮革制作与环保科技，2022，3（18）：47-49.

[48] 杨柳. 水环境监测中离子色谱技术应用问题及改善策略探究[J]. 皮革制作与环保科技，2023，4（3）：19-21.

[49] 杨茗涵，周广东，李嫣然. 对水环境监测质量保证和质量控制的思考[J]. 清洗世界，2023，39（1）：143-145.

[50] 杨晔，林彦君，陈丹丹，等. 水环境监测与评价系统设计及应用[J]. 水利信息化，2022（4）：88-92.

[51] 杨振雄. 水环境监测中的生物监测技术[J]. 皮革制作与环保科技，2022，3（23）：49-51+54.

[52] 于东召，胡媛媛，宛阳，等. 高效液相色谱在水环境监测中的应用[J]. 皮革制作与环保科技，2023，4（5）：19-21.

[53] 余明星，邱光胜，李名扬，等. 船载走航巡测技术在长江水环境监测中的应用[J]. 人民长江，2022，53（12）：30-36.

[54] 袁显龙，高飞鹏，张先波. 水环境监测方法标准技术体系探讨[J]. 中国标准化，2022（18）：103-105.

[55] 张建国，鲁佳，蔡厚安，等. 高光谱遥感技术在大冶地区水环境监测中的应用[J]. 矿产勘查，2023，14（3）：471-479.

[56] 张卫东. 离子色谱技术在水环境监测中的应用[J]. 皮革制作与环保科技，2022，3（17）：40-41+44.

[57] 赵萍萍，徐效民，牛丽君. 对水环境监测质量保证和质量控制的思考[J]. 山西化工，2023，43（3）：266-268.

[58] 郑婕，贾西雨，杨倩，等. 密云水库水环境监测分中心实验室危险化学品安全管理体系建设探讨[J]. 广州化工，2022，50（22）：238-240.

[59] 钟彩霞，贾皓亮. 1＋X 证书背景下“水环境监测”混合式教学探究[J]. 江西化工，2023，39（1）：117-120.

[60] 朱启运，刘存庆，李昌洁，等. 基于紫外可见吸收光谱微型污染溯源站的村镇水环境监测技术研究[J]. 环境监控与预警，2022，14（5）：88-93.